science·i

ネコ好きが気になる50の疑問

飼い主をどう考えているのか?
室内飼いで幸せなのか?

加藤由子

SoftBank Creative

著者プロフィール

加藤由子（かとう よしこ）

作家。ヒトと動物の関係学会理事もつとめる。『ネコを長生きさせる50の秘訣』（サイエンス・アイ新書）、『雨の日のネコはとことん眠い』（PHP研究所）、『幸せな猫の育て方』（大泉書店）などネコの著作は多数。専門は動物行動学。上野動物園、多摩動物公園で動物解説員をしていたこともあり、『みんなが知りたい動物園の疑問50』（サイエンス・アイ新書）、『ゾウの鼻はなぜ長い』（講談社）、『どうぶつのあしがたずかん』（岩崎書店）などの著作もある。

本文デザイン・アートディレクション：クニメディア株式会社
本文イラスト：まなか ちひろ（http://megane.boo.jp/）
カバー写真：vash's house（http://vash.jp/）

はじめに

人類とネコとのつきあいは5千年以上におよびます。この長い年月の中で、人とネコとの関係は、さまざまに変化してきました。急激で大きな変化が始まったのは30年ほど前からでしょう。それまでの“残飯をもらいながら狩りもして半分は自活するもの”から、“キャットフードを与えられ人に完全に依存するもの”へと変わったのです。この変化が、ネコも人も変えたといって過言ではありません。ネコは家族の一員として愛されるようになりました。いまやネコの歴史がネズミ退治の歴史であったことを意外に思う人もいるほどです。

人とネコの距離は物理的にも精神的にも、いままでになく近いものになりました。そして近くなったゆえに人は、ネコについてのいろんな疑問を持つようになりました。いつもネコが身近にいれば、嫌でもネコの行動が目に入りますから、「なぜ、あんなことをするのだろう？」と思うのは当然でしょう。家族の一員としてネコを愛せば愛すほど、「ネコはなにを考えているのか？」と思いたくもなるのも当然でしょう。

昔のネコ好きには、現在ほど“気になる疑問”はありませんでした。疑問がわくほど人とネコは密着してはいなかったからです。この本ができたということは、人とネコとがいかに密接して暮らしているかということだと思います。いかにネコが人の生活に入り込み、いかに人がネコに目を向けているかということだと思います。

私は子供のころから、いつも家にネコがいました。いまも2匹のネコと暮らしています。室内飼いにし始めたのは約15年前からです。そして、そのころから、私にもたくさんの疑問がわき始めました。ネコたちが目の前で、いろんなことをするからです。放し飼いをしていたときには見ることのできなかったことを、次から次とするからです。

いちばん、不思議だったのは、トイレに行く前と行ったあとに、ものすごい勢いで走り回ることでした。初めて見たときは、あっけにとられ、いったいなにが起きたのかと思いました。と同時に、ネコは室内飼いにするほどに興味深く、実におもしろい生きものだということに気づきました。密接して暮らすことで、さまざまな疑問がわき、それを「なぜだろう？」と思う楽しさや、いろいろと推測してみる楽しさがあり、そして推測するほどに、ネコとの距離がさらに縮まり、ネコの個性が見えてきて、放し飼いのときとは違う絆が芽生えることに気づきました。昔、私は自分のネコを「子供のようだ」と感じていました。いまは「よき仲間でよき同居人だ」と心から思っています。

私が室内飼いをすすめるのは、そのほうがネコとの絆がより強くなり、そして絆が強くなることがネコの幸せな暮らしにつながると信じるからです。室内飼いには抵抗があるという人も、ぜひ、この本を読んでみてください。室内飼いはネコにとってけっして不幸なことではないことを、わかっていただきたいと願っています。

最後に、この本の5章は「ネコを飼っていない人の疑問」になっています。でも、飼っていない人のために書いたのではありません。飼っていない人がネコやネコの飼い主をどう思っているのかを、飼っている人に知ってほしくて書いたものです。

ネコ好きは、ネコのすることを、かわいさのあまり大目に見てしまうものです。なにも不都合はないとまで思いがちです。でもネコを飼っていない人には、それが理解できないことが多いのです。「他人に迷惑をかけても平気な人たち」と、飼い主の人間性を疑う人さえもいます。そういう人は、かならずといってよいほどネコが嫌いになるものです。そしてネコがすることのすべてが嫌いになり、しまいにはネコの存在自体、目のカタキになってしまうものなのです。

ネコ好きは、そのことを頭に入れておかなくてはなりません。ネコを飼っている人には、自分のネコだけでなく、すべてのネコを守る義務があります。ネコを飼っている人全員が、世間に対して「ネコ好きの看板」を背負っているのです。誰かひとりがその"看板"に傷をつけたら、すべての「ネコ好きの看板」に傷がつくことになります。すべてのネコのためにも、全員で「ネコ好きの看板」を守っていきたいものです。

この本が、すべてのネコ好きにとって、よき科学書であるとともによき飼育書になってくれることを祈っています。

2007年　加藤由子

ネコ好きが気になる50の疑問

飼い主をどう考えているのか？　室内飼いで幸せなのか？

加藤 由子

CONTENTS

サイエンス・アイ新書

AQUTNET
http://www.aqut.net/

今回のWebリサーチは、ソフトバンク クリエイティブが運営しているAQUTNETで行いました。
2006年12月6日〜12月19日

第1章

体の疑問

味覚や目の見え方、ヒゲの役目など、知っているようで知らないネコの体の知識。三毛ネコのオスがめずらしい理由や肉球の秘密など、体に関する10の疑問に答えます。

01 ネコは何才くらいまで生きるのか

動物の寿命には一般に、体の大きなものほど長く、体の小さなものほど短いという傾向があります。たとえば、最大のほ乳類であるシロナガスクジラの寿命は約110年、ゾウの寿命は約60年、ネズミの寿命は2～3年とされています。ただし、これらは「事故や大きな飢えにあわず、比較的健康に暮らした場合」の寿命です。野生動物には危険が多く、また体の小さな動物ほど獲物として食べられてしまうことも多いので、本来の寿命まで生きのびることが少ないのです。

ネコの寿命は15年前後といわれますが、これも「事故や大きな飢えにあわず、比較的健康に暮らした場合」です。飼い主のいないノラネコは十分なエサが探せず、また事故にあう危険性も高いので、病気やケガで早死にしてしまうことが多いからです。野生

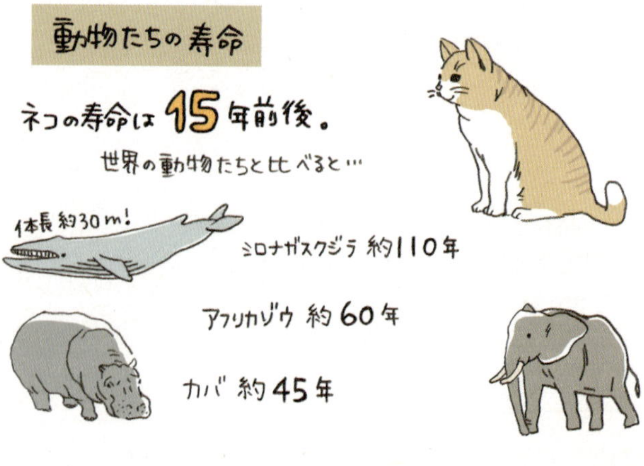

動物たちの寿命
ネコの寿命は15年前後。
世界の動物たちと比べると…
体長約30m!
シロナガスクジラ 約110年
アフリカゾウ 約60年
カバ 約45年

動物の状況とよく似ています。実際、多くのノラネコが生まれて5年以内に死んでいます。人に飼われ、安全と十分なエサを確保できたネコたちだけが15年前後という本来の寿命をまっとうできると考えてよいでしょう。

ただ現代では、20年以上生きるネコもけっしてめずらしくなくなりました。栄養バランスのよいキャットフードを与える飼い主や、ネコを外に出さずに室内飼いをする飼い主が増えたからです。なにかあったら動物病院で治療を受けさせる飼い主が増えたことも、長生きの大きな理由です。ギネスブックには34才まで生きたネコの記録が載っているほどです。

人間を含めた動物たちには、本来の寿命と環境による寿命とがあるわけです。文明の発達で食糧の確保と医療の発達を手にしたわれわれの寿命がのびているのと同じように、人に飼われ文明の恩恵を受けて生きる飼いネコの寿命ものびているのです。

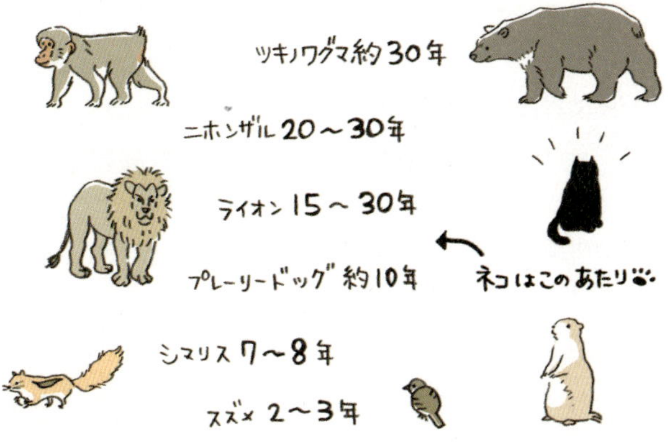

増井光子監修『動物の寿命』素朴社より引用

ネコの発達段階で人の年令と対比する

ネコの寿命は15年前後。つまりネコの7～8才はもう、立派な中高年だと考えてよいわけです。キャットフードに「7才以上用」と表示されたものがありますが、「若いものと同じものを食べていたら生活習慣病の心配がありますよ」ということなのです。ネコの栄養学は人間同様、日進月歩を続けています。

それはともかく「7～8才が立派な中高年なら、いったいネコは何才で大人になると考えればいいのだ？」と思う人もいるでしょう。「大人」とは基本的に性成熟する時期のことをいうわけですから、ネコが性成熟したら「もう大人」と考えてよいわけです。ネコの性成熟は、だいたい生後１年前後です。人間同様、早熟なネコや“おくて”のネコもいますが、多くの場合、生後10～13か月というところです。この時期に、体も大人と同じ大きさになります。

では、大人になるまでの「子供時代」はどうなのでしょう？　たとえばネコの生後１か月は、人間の何才くらいに当たるのでしょうか。それを考える目安があります。それぞれの成長段階を対比させるという方法です。

まず、ネコの乳歯が生え始めるのが生後2～3週間、人の乳歯が生え始めるのは生後6～8か月です。だから、ネコの生後2～3週間が人の生後6～8か月とほぼ同じだと考えます。乳歯が生えそろうのが、ネコで生後約１か月、人で約2.5才。永久歯が生えそろうのがネコで生後約6か月、人で約12才。これらも、それぞれ、ほぼ同年齢と考えます。こうして発達段階をもとに対比すれば、おおよその目安として判断することができるわけです。

性成熟以降については、おたがいの寿命をもとに単純計算して考えます。

ネコと人の年令を対比させて考える

①誕生!

おたがい0才。

②生後2～3週、乳歯が生える。
生えそろうのは約4週。

人は7～8か月で乳歯が生える。

③生後約3か月、永久歯が生える。
5～6か月で生えそろう。

人は5才～12才で生えそろう。

④性成熟は約1才

人は15～17才ごろ。

目安としてのネコの年令早見表

ネコ	2週間	1か月	3か月	6か月	12か月	15か月	18か月	2年
人	6か月	2才	5才	12才	18才	20才	22才	24才

※2年以降は、1年で4才ずつ年を取っていく

02 忍者のように身軽なのはなぜ

抜群のジャンプ力、アクロバット的なやわらかい体、イザとなれば目にも止まらぬすばやい動き。忍者もマッサオなネコの軽業は、弾力性に富んだ靱帯（じんたい）で結合された骨格と、強力なバネのように伸縮する筋肉のおかげです。加えて平衡感覚もすぐれているので、ネコの運動神経は動物界のオリンピック選手といってよいでしょう。

なぜ、こんなにすぐれた体を持っているのでしょうか？　それはネコが、単独生活者だからです。ひとりで行なう狩りを成功させるには、必死で抵抗する獲物の先をいく運動能力が必要なのです。そして自分を狙う敵から逃げるには、高いところに飛び乗って、狭い場所を駆け抜ける運動能力も必要なのです。逆にいえば、そういう能力のないネコは生きのびることができず、つまり子孫を残せず、だから現在のネコたちはみな、“オリンピック選手”の子孫たちばかりなのです。それが「進化」というものです。

ネコは、1mくらいの高さの場所なら、うしろあしだけのジャンプで軽く飛び乗ることができます。しなやかな背骨を丸く“ネコ背”にしておいて、うしろあしのジャンプとともに背骨をのばせば、もうバネがスッ飛んでいくのと同じです。なにかに驚いたネコがピョンと真上に飛び上がることがありますが、本当に驚いたときは、鴨居のあたりまで飛び上がります。

また、嫌がるネコをキャリングバッグに入れた経験のある人なら、ネコの体がいかに柔軟で自由自在に動くものかを知っていることでしょう。怖がっているネコに手を出したことのある人なら、ネコがいかに電光石火のごとくに爪でひっかき、いかに強力なアゴでかみつき、いかに信じられない力を発揮して逃げてしまうかを知っていることでしょう。ふだんはボケーとしていても、ネコはものすごい力とワザをうちに秘めているのです。

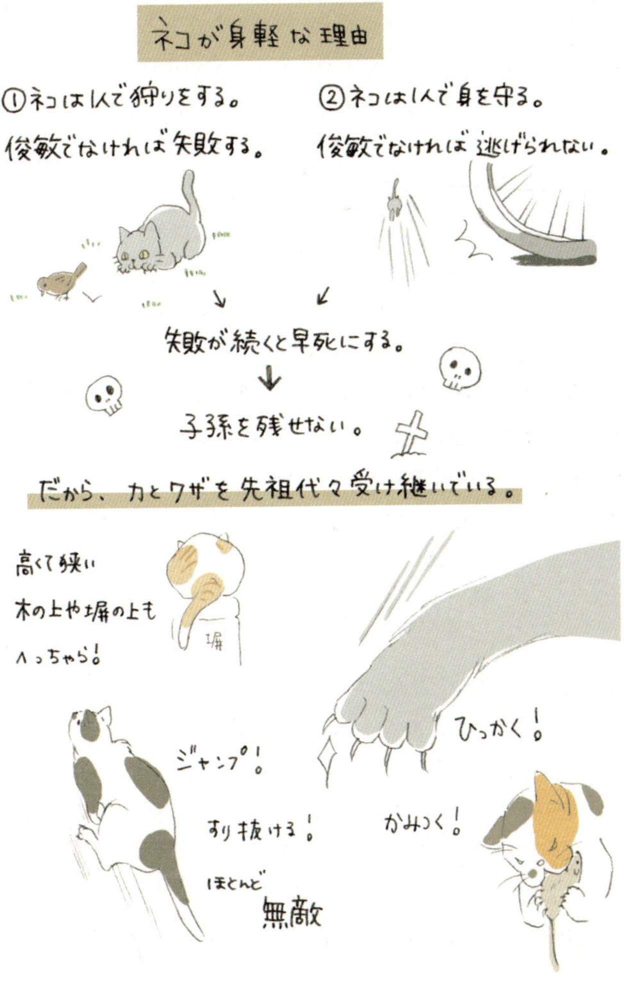
ネコが身軽な理由
①ネコは1人で狩りをする。
俊敏でなければ失敗する。
②ネコは1人で身を守る。
俊敏でなければ逃げられない。
失敗が続くと早死にする。
子孫を残せない。
だから、力とワザを先祖代々受け継いでいる。
高くて狭い
木の上や塀の上も
へっちゃら!
塀
ジャンプ!
すり抜ける!
ほとんど
無敵
ひっかく!
かみつく!

柔軟な体と優れた三半規管のコラボもあり

高いところから逆さまに落ちたネコが、宙返りをしてすばやく体勢を立て直し、ちゃんとあしで着地できる話は有名です。ネコの三半規管（耳の奥にあって平衡感覚をつかさどる器官）は敏感で、体の傾きを正確に察知するのです。でも、傾きを察知するだけでは宙返りや着地はできません。柔軟な体があってこそ、それが可能になるのです。

落下したネコは、すぐに頭を回転させて正常な位置にもどします。ついで上半身を回転させ前あしを地面に向けて広げながら、下半身を回転させて着地の体勢に入ります。この瞬時の回転は、柔軟な体がなくてはムリ。柔軟な体とすぐれた三半規管の連係プレーというわけです。

では、ネコが落ちてもだいじょうぶな高さとはいったい、どのくらいなのでしょうか？　どんな高さでもネコは体勢を立て直しますが、加速度による着地時の衝撃には勝てません。無傷で着地できるのは、着地面がやわらかい場合で、マンションの3階までが限度でしょう。

持続力だけはない

優秀なアスリートであるネコですが、持続力だけは劣っていて、長時間走り続けたり激しく動き続けたりすることはできません。瞬発力はあるが持続力がないという筋肉の持ち主だからです。ネコの狩りは、待ち伏せをして忍び寄り、一気に飛びかかって息の根を止めるという方法ですから、瞬発力に優れているほうがよいのです。瞬発力で高いところに飛び乗って逃げればよいので、持続力はさほど必要ではないのです。

高いところから逆さまに落ちた場合

敏感な三半規管が体の傾きを察知。

頭を回転させて正常な位置にもどす。
上半身を回転させる。

柔軟な体のおかげ。

下半身を回転させる。

着地準備OK！

03 のどがゴロゴロとなるしくみは

ネコをなでたり抱いたりすると、幸せそうに目をつぶりのどをゴロゴロとならします。ネコが「うれしい」と感じているときの音として、ネコ好きはみな、知っていることです。

ところが、ゴロゴロ音が出るしくみについては、まだはっきりとはわかっていないのです。現在のところ、「喉頭（いんとう）を振動させそこを通る空気をふるわせて出す」という説が有力だというだけです。確かに、ネコが息を吸っているときと吐いているときとでは、ゴロゴロの音が少し違います。またネコが息を止めると、ゴロゴロ音も止まります。いずれにしろ、死んだネコはゴロゴロといいませんから、解剖学でも解明できないままなのです。

わかっているのは、子ネコがオッパイを飲むときや母ネコに甘えるとき、または母ネコが子ネコのいる巣に近づくときや子ネコにオッパイを飲ませているときにゴロゴロと音を出しているという事実です。子ネコは「満足している、安心している」という気持ちを、母ネコは「安心してだいじょうぶよ」という気持ちを伝えているのだと考えられます。子ネコのゴロゴロ音が、母ネコのオッパイの“出”を促進させるのだとも考えられています。

飼いネコは、飼い主を母ネコのように思っていますから、抱かれるとつい、オッパイを飲んでいたときと同じ気持ちになり、ゴロゴロというのです。子ネコ気分の強い甘ったれのネコほど、しょっちゅうゴロゴロといいます。飼い主が声をかけただけで、寝たままゴロゴロというネコもいます。そのとき、オッパイを飲んでいるときの子ネコのように両手を交互に“モミモミ”と動かすネコもいます。

ゴロゴロのしくみはよくわかっていない

でも、ゴロゴロの意味は理解できる。

それはコミュニケーション。

飼いネコは

オッパイを飲んで

いるときと同じ気分。

うれしいとき以外のゴロゴロもある

一方、ネコは、重い病気やケガで死にそうなときにゴロゴロとのどをならすこともあります。それがなにを意味するのかについても長い間ナゾのままでしたが、最近、興味深い研究が発表されました。「ゴロゴロ音で自然治癒能力を高めている」のではないかというのです。

ネコのゴロゴロ音の振動数は20〜50ヘルツで、これは動物の骨の密度を高める振動数と同じだといいます。ネコはふだんからゴロゴロ音を出すことで骨密度を高め、ケガにそなえているのではないかという説です。元来、単独生活をする動物であるネコは、骨折をして動けなくなれば狩りができませんから飢え死にするしかありません。少しでも早くケガを治すため、ふだんからゴロゴロ音で骨をきたえ、かつ重い病気やケガで死にそうなときは盛大にゴロゴロとのどをならして治そうとしているのではないだろうかと、研究チームは考えたのです。人間の最新医療で、振動を与えて骨折の早期治癒をはかるという「超音波骨折治療」が行なわれていますが、それと原理は同じです。

ライオンやチータなどほかのネコ科動物も、ネコと同じようにゴロゴロとのどをならします。群れ生活をする動物ならケガをしても仲間が助けてくれますが、単独生活をする動物にはそれがありません。単独生活の肉食動物として、ネコ科の動物は「ゴロゴロ治癒法」をそなえているのかもしれません。ちなみにライオンはネコ科の動物の中で唯一、群れ生活をしていますが、もともとは単独生活だったものが進化の過程で群れ生活の形になったと考えられています。群れからはなれ、1頭だけで放浪するオスライオンも、たくさんいるのです。

ゴロゴロ音のもう1つの理由

ゴロゴロ…

ゴロゴロの

振動数は20～50ヘルツ。

これは骨密度を高める周波数。

ふだんからゴロゴロで骨密度を高めておく。

死にそうなときには盛大にゴロゴロ音を

出してケガを治そうとする。

オッパイを飲んでいたときの

安らぎも得ているのかも。

ゴロ
ゴロ…

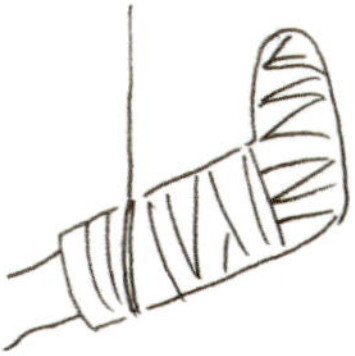

人間の世界にも

「超音波骨折治療」がある。

原理は同じ。

骨密度が高まるなら、
骨粗鬆症の予防に!?
ゴロゴロ…

04 なぜ三毛ネコのオスはめずらしいのか

白地に黒いブチと茶色のブチがあるネコを三毛ネコといいます。三毛ネコのほとんどはメスです。三毛ネコのオスは遺伝学上、生まれないとされるからです。なぜ遺伝学上、三毛ネコのオスは生まれないのでしょうか？　それを理解するためには、染色体や遺伝子の世界を少し理解しなくてはなりません。以下、がまんして読んで、なんとなくでよいですから理解してください。

ネコの毛色は遺伝子で決まります。その遺伝子は染色体の上にのっています。体の細胞1つ1つに遺伝子を持った染色体が含まれているのです。

染色体は、2本が1対になった状態で存在します。ネコの染色体は19対で38本。それぞれに数多くの遺伝子が遺伝情報を持ってのっています。そして19対のうちの1対が性染色体、つまりオスメスの決定にかかわる染色体です。性染色体がXXの組み合わせで1対になっていればメス、XYの組み合わせで1対になっていればオスになります。

さて、ここからが本題です。茶色の毛を作る遺伝子は、性染色体であるXの上にのっています。ただし遺伝子には、それぞれの形質について「出せ」という遺伝情報を持ったものと「出すな」という遺伝情報を持ったものとがあるのです。前者を優性遺伝子、後者を劣性遺伝子といいます。茶色の毛を作る遺伝子についても「茶色にする」優性遺伝子と、「茶色にしない」劣性遺伝子があります。ネコの場合、茶色の毛に関する優性遺伝子が2つそろうと茶色が、劣性遺伝子が2つそろうと茶色以外の色が、そして優性遺伝子と劣性遺伝子の両方があると三毛が出るのです。

いよいよ結論。茶色の毛に関する優性遺伝子と劣性遺伝子がそろうには、X染色体が2本必要です。オスにはX染色体が1本しかありませんから、両方がそろうことはありません。だから、オスネコに三毛が出ることはないとされているのです。

三毛ネコのオスがいない理由
ネコの染色体は19対
メス
性染色体が
XX
オス
性染色体が
XY
このXの上に茶色の毛を作る遺伝子がのっている。
「茶色にする」優性X か、「茶色にしない」劣性X
メスの染色体だと
X・X＝茶
X・X＝茶以外
X・X＝三毛
オスの染色体だと
X＝茶
X＝茶以外
優性と劣性のXがそろうと三毛になる。
もともとXが1つのオスに、三毛が出ることはない
とされている。

オスの三毛ネコには繁殖能力がない

では、遺伝学上は生まれないはずのオスの三毛が生まれることがあるのはなぜなのでしょう。それは異変としてXXYという性染色体を持ったものがいるからです。X染色体が2つあるのですから、茶色の毛に関する優性遺伝子と劣性遺伝子の両方を持つことが可能です。でもY染色体があるのですからオスになります。これがオスの三毛ネコの正体です。

ところで、体の細胞は同じものがコピーされて分裂しますが、卵子と精子ができるときには、減数分裂という分裂をします。対になっていた染色体がほどけて2つに分かれるのです。だから精子や卵子の染色体の数は、体細胞の半分の19本しかありません。交尾をして受精卵ができたとき、精子と卵子がいっしょになって再び38本になるわけで、このときに母方の遺伝子と父方の遺伝子が混じるのです。

この減数分裂が行なわれるとき、XXYという性染色体は奇数ですから、2つに分かれることができません。よって正常な精子を作ることができません。だから、オスの三毛ネコには繁殖能力がないのです。

が、しかし、なんと繁殖能力のあるオスの三毛も、たまに存在するのです。性染色体はXXYY。Xが2つですから三毛可能、XXYYなら2で割れますから、減数分裂も可能というわけです。もっと数の多い性染色体をもつネコもいるのではないかといわれていて、こうなるともう、どこまでが“ふつう”なのか、わからなくなります。ネコとは実に不思議な生き物です。昔の船乗りが、オスの三毛ネコを航海の守り神としてたいせつにしたのも、うなずける気がします。

オスの三毛ネコに繁殖能力がない理由

オスの三毛ネコはXYではなく、

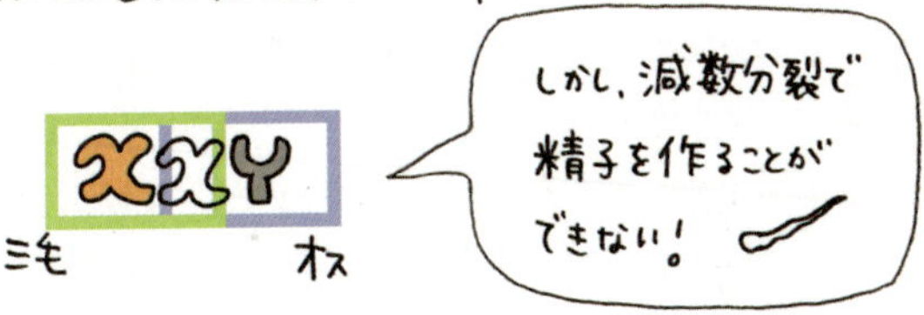
XXY
三毛
オス
しかし、減数分裂で
精子を作ることが
できない!

という性染色体をもったネコ。

通常のXYは2つに分裂するが、XXYは2で割れないのだ。

だが、

XXYYという性染色体をもつオスの三毛ネコも
たまに存在する。

バッチリ☆

XXYYなら2で割れるから、繁殖能力のあるオスの三毛ネコもいるということ。

05 ネコは色がわかるのか

一般に、夜行性の動物は色が見えないといわれます。網膜には、光を感じる細胞と色を感じる細胞とがあるのですが、夜行性動物の網膜には光を感じる細胞が多く、その分、色を感じる細胞が少ないのです。だから、わずかな光の中で物を見ることができる半面、色はよく見えないという道理です。

ただし、ネコはまったく色が見えていないというわけではありません。実験によれば、青と緑は識別できるが赤は識別できないとされています。青、緑、赤は光の三原色です。色を感じる細胞は、青を感じる細胞、緑を感じる細胞というぐあいに分業して存在しています。つまりネコの網膜には赤を感じる細胞がないと考えればよいわけです。

では私たちにとって赤いものは、ネコにはどんな色に見えるのでしょうか。おそらく黄色か淡い緑色に見えているはずです。赤いものが緑色っぽいカーペットにあったら、ネコはなかなか見つけられないということになります。

いずれにしろネコにとって色が見えることは、たいして重要ではありません。さらにいうと、ピントピッタリでものを見る必要もあまりありません。実際、ピントが合うのは視野のほんの中心部だけだといわれます。ネコの目の前にシラスを一本、差し出すと、いつまでも「どこ？どこ？」と探すのは、そのせいでしょう。

ネコにとって、色やピントより必要なのは動くものを敏感にキャッチできる視力です。動きに対する反応は、人間よりずっとすぐれています。生きた獲物を糧とする夜行性動物に必要なのは、暗くてもよく見えて、動くものを敏感に察知できる目なのです。

ネコは青と緑は見えるが赤は見えない

でも、困らない。色が見えなくても狩りはできる。

ピントもよく合わないけれど、

困らない。なまじハッキリ

見えると食べられないかも?

それより、暗い中でもよく見える目と

動くものをキャッチする目が大事。

本当の真っ暗闇ではネコだってなにも見えない

暗くてもよく見えるネコの目は、少ない光を効率よく利用できるしくみをそなえています。

まず、目が大きいことです。目が大きいということは瞳孔（どうこう、ひとみのこと）を大きく広げられるということです。瞳孔は、網膜に当てる光を取り込む“入り口”ですから、瞳孔をより大きく広げられれば、光がたくさん入るという道理。薄暗いところでネコの目を見ると、瞳孔がそれこそ“目一杯”に広がっています。それが最大瞳孔サイズです。人間の瞳孔は、どんなに暗くてもそこまでは広がりません。夜行性動物の目が大きいのは、なるべく大量の光を目に入れるためなのです。

次に、暗いところで目が光ることです。ネコの網膜のうしろがわにはタペタムという反射板があり、瞳孔から入って網膜を通り抜けた光をはね返します。網膜には視神経があり、光が当たると反応するのですが、はね返った光が再度、網膜を通ることになり、また視神経を刺激します。視神経が何度も刺激されることになりますから「よく見える」わけです。そして、はね返った光は、そのまま目から外に出ていきます。その光がわれわれに見えて、目が光って見えるのです。目が光る動物はたくさんいますが、いずれも「目から光を出して周りを見ている」わけではありません。少ない光を効率よく利用した結果の現象でしかありません。この現象は明るいところでも起きているのですが、周りが明るいせいで光っては見えないだけです。

ネコは、さまざまなしくみを利用することで、人がものを見るために必要とする光の7分の1の量があれば、十分にものを見ることができるとされています。あくまで少ない光を効率よく利用しているだけですから、まったく光のない真っ暗闇ではネコもなにも見えません。

最後に、そんなに効率よく光を利用できる目では、ピーカンの昼間はまぶしすぎて困ります。その対策として、ネコの瞳孔は針のように細くなるのです。ほとんどスリット状になるまで細くして、光量を制限しています。

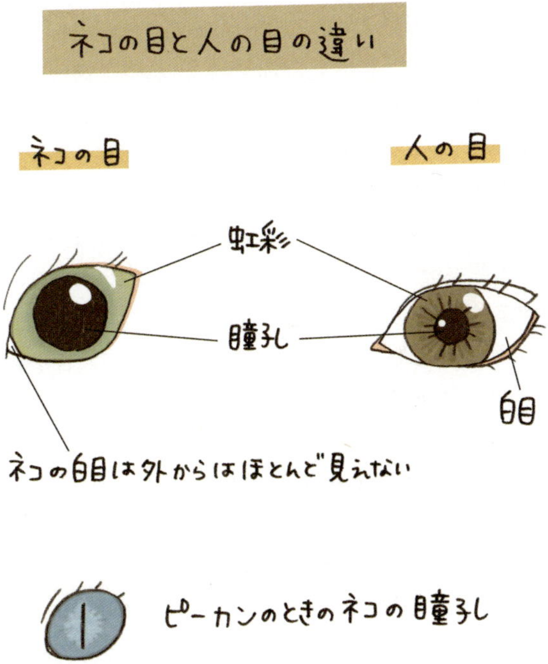
ネコの目と人の目の違い
ネコの目
人の目
虹彩
瞳孔
白目
ネコの白目は外からはほとんど見えない
ピーカンのときのネコの瞳孔

06 肉球に触られるのはいやなのか

確かに、ネコは足裏の肉球を触られるとサッと引っ込めます。しつこく触ろうとすると、しまいに「やめろよっ」と怒ります。どう見ても「嫌がっている」ように見えますが、それは、肉球がとても敏感だからです。人間も敏感な場所を触られると「ヒエッ」と身をひきますが、あれと同じです。

肉球の皮膚は、ほかの毛の生えている部分よりは厚いのですが、皮膚の内側には神経がたくさんあって敏感です。敏感だからこそ、不安定な場所を上手に歩くことができるのです。鈍感な足の裏では、デコボコした場所でコケてしまいます。さらに肉球は脂肪と弾性繊維でできていますから、デコボコに足の裏を密着させることもできます。

そのうえ、ネコは肉球に滑り止めのしくみもあります。緊張すると肉球に汗をかくという方法です。ネコの体には肉球以外に汗腺はありません。ネコの汗は体温調節のためのものではなく、滑り止めのためなのです。私たち人間も緊張すると手に汗をかきますが、サルの時代、木に登るときの滑り止めだったのです。ネコの肉球の汗もそれと同じです。

また、ポヨポヨで敏感な肉球は、狩りのときに音を立てずに獲物に忍び寄るというワザも可能にしています。音を消すためのクッションでもあるのです。

ただし、敏感であるということは、やさしく触れば「気持ちいい」ことでもあるのです。飼い主が愛情を込めてやさしく触れば、指を大きくパーに広げて気持ちよさそうな顔をします。乱暴な触り方には耐えられないというだけです。

肉球の秘密

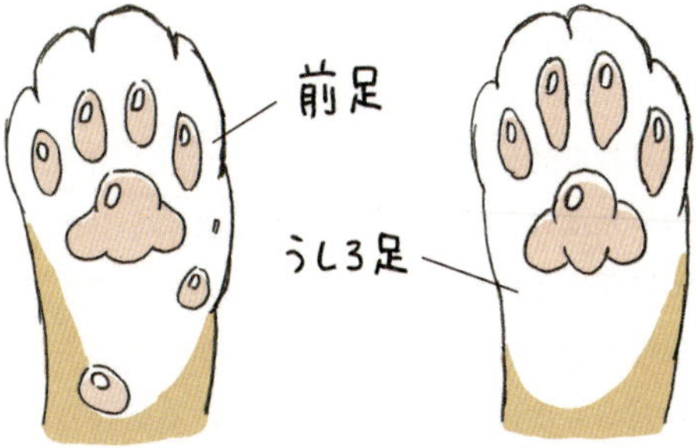

ポヨポヨの正体は脂肪と弾性繊維。
肉球の皮膚は厚いがとても敏感。

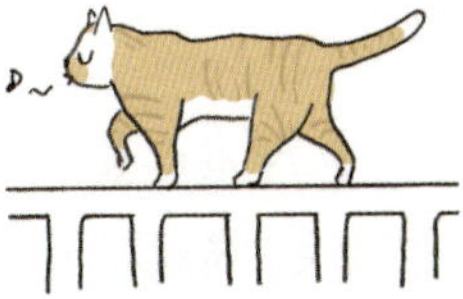

だからどんなところも歩ける。
肉球にかく汗は
滑り止めの役目もしている。

ポヨポヨは音を立てずに
歩くためのクッション
になる。

大きな肉球は“てのひら”ではない

前あしの裏には、豆のような小さな肉球が5つと“てのひら”のよう見える大きな肉球とがあります。でもそれは“てのひら”ではありません。肉球のある部分は全部、指なのです。豆のような肉球があるのは指の先端です。そして“てのひら”のように見える肉球があるのは、指のつけ根から第二関節にかけてです。

ネコは、肉球の部分を地面につけて歩くわけですから、つまり指の部分だけを地面につけているということになります。うしろあしの場合でいうと、私たちの「爪先立ち」と同じです。動物の骨格はみな、共通ですが、どこを地面につけて歩いているかは、さまざまです。人間のように、かかとまでをつける動物のほうが少なくて、サルとクマ、パンダ、アライグマくらいです。ちなみにレッサーパンダが2本あしで簡単に立ち上がれるのは、かかとまで地面

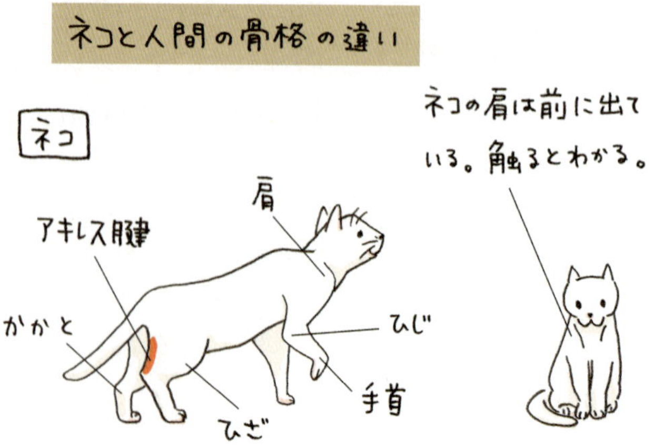

につけているからです。

ついでですから、ネコのかかとはどこにあるのか、手首はどこなのかを調べてみましょう。動物の関節はみな、共通ですから、自分の手足をもとに同じ曲がり方をするところを探せばよいのです。ネコのかかとは、かなり上のほうにあります。足首の裏側に、ちゃんとアキレス腱があるのがわかるはずです。同様に、前あしの手首、ひじ、肩も探してみてください。

手首の位置はわかりましたか？　その手首の位置にもう1つ、肉球があるのに気がつきましたか？　それは指ではありません。なぜなら、6本指の動物はこの世に存在しないからです。ではなんなのかというと、これがわからないのです。わかっているのは、そこが手首の位置だということだけです。きっと、進化の過程の“忘れもの”的なものなのでしょう。

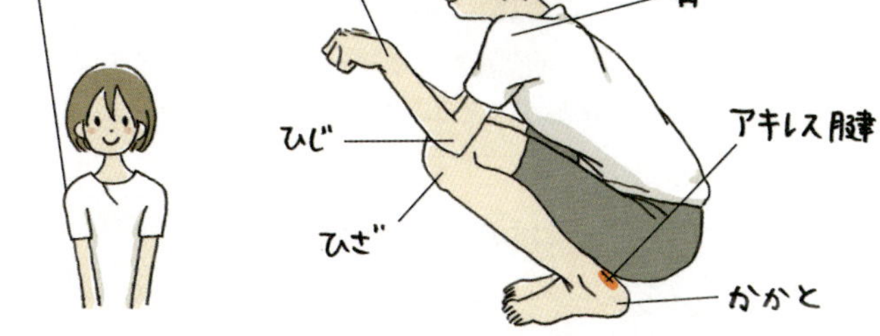

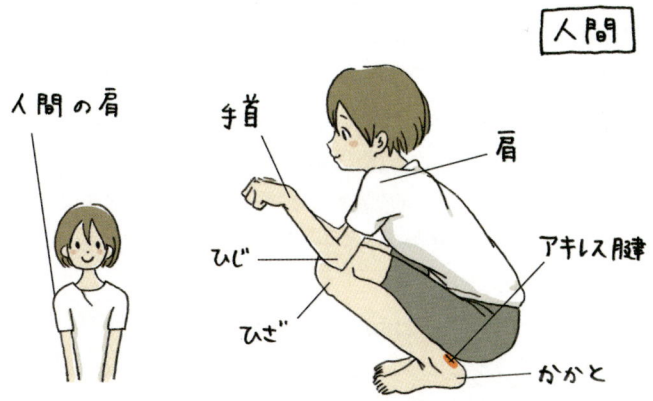

07 ヒゲはなんの役目をするのか

ひとことで言ってアンテナです。自分の周りに障害物がないかどうかを、ヒゲの先でキャッチしているのです。狩りをしたり敵から逃げたりするとき、ネコは狭い場所を走り抜けることになりますが、正面を見るのに精一杯で周りをイチイチ確認する暇はありません。そもそもネコの目は、視野周辺部にピントが合わないのですから、周辺の確認は難しいのです。そこでヒゲが活躍します。右のヒゲ先になにかが当たれば「右に障害物あり」のサイン。体を左にずらします。暗闇の狭い場所で私たちが、左右に両手をのばし“手さぐり”で歩くのと同じです。

ヒゲは、体毛が長く太く、また硬くなったものです。すべての体毛の毛根部分は神経で囲まれていますから、先端になにかが触れると毛が傾いたことを察知します。私たちも、髪の毛の先になにかが触れたのがわかりますが、それと同じしくみです。ネコのヒゲは長くて硬いので、先端になにかが触れると「テコの原理」で毛根の神経が大きく強く刺激されます。それだけ敏感だということになるわけです。

さて、ネコの顔をよく観察してみてください。ヒゲは上唇だけでなく、目の上やほほ、そしてアゴの下にも生えています。ほほには2か所に生えています。前進するとき、これらのヒゲが放射状に広がることになり、体の大きさをカバーしてくれることになるのです。

ネコのヒゲは目立つせいか、ヒゲはネコの専売特許のようにいわれますが、実際には多くの動物の顔にヒゲがあります。肉食動物はもとより、ネズミやウサギ類、ウマやウシなど、ほとんどの動物にといってよいほどヒゲはあります。ネズミ類はみごとにヒゲを動かしながら動きます。ネコよりも積極的にセンサーとして利用しているようです。草食動物は、顔の近くに虫が飛んできたことをすばやくキャッチして追い払っているのでしょう。

ネコのヒゲはセンサーになっている

ヒゲはセンサー

ヒゲの先に
なにか当たれば
「障害物あり」

これだけアンテナを張っていれば、
狭いところも かけ抜けられる。

多くの動物にヒゲはある

長いヒゲをワラワラと
動かしながら前進する。

虫が飛んできても
すぐにわかる。

自由に動かせるヒゲと動かせないヒゲがある

ネコの上唇のヒゲはほかのヒゲより一段と長く、また太くなっています。そしてこのヒゲは、ネコがなにかを興味津々で見ているときや動くものにじゃれついているとき、前に突き出されています。ほかのヒゲは動かすことができませんが、このヒゲだけは自由に立てたり寝かせたりできるのです。

自由に動くということは「積極的になにかをしている」ということです。動かせないヒゲは「受動的なセンサー」ですが、上唇のヒゲにはほかの役目もあると考えるべきでしょう。では、その役目とはなんなのでしょうか。

獲物を捕まえるときに活躍するのだと考えられます。ネコは獲物に忍び寄り、すきを見て一気に飛びかかり、かみついて息の根を止めるという狩りをします。そのかみついて息の根を止めるとき、口もとで大暴れする獲物の動きをキャッチしているのでしょう。へたをすれば暴れる獲物にかみつかれる危険もあるのですから、このセンサーは必要です。まして近くのものにはあまりピントが合わないとなれば、なおさらです。上唇のヒゲの長さが、かみつくチャンスを狙うときの獲物との距離なのでしょう。

ところで、毛には寿命があって一定期間が過ぎると抜け落ちます。抜け落ちるまで、毛は日々少しずつのび続けます。つまり、体の毛よりヒゲのほうが寿命が長く、だからヒゲは体の毛よりも長くなるのです。毛の長い品種は、毛の寿命が長くなるように改良されています。だから体の毛がなかなか抜け落ちず、その間、のび続けて長くなるのです。ヒゲの寿命も比例して長くなりますから、もっと長くなります。本来の役目をするには不必要に長くなったヒゲだということができるでしょう。

ネコの意思で動かせるヒゲもある

居眠り中の上唇のヒゲは
寝ている。

なにかに興味を
示すと前を向く。

獲物をつかまえるときも
前を向いたまま。

上唇のヒゲは
積極的なセンサー
ほかは受動的なセンサー。

08 ネコは味がわかるのか

食べものの味は、舌やその周辺にある味蕾(みらい)という味の受容器で感じています。人の味蕾の数は約9000、ネコの味蕾は約800ですから、ネコの味覚は私たちよりも劣るといえます。私たちのほうが、複雑な味を感じていると考えてよいでしょう。つまり、同じ食べものでもネコと人とでは味の感じ方が違うのです。そもそも、動物にはそれぞれ、わかる味とわからない味とがあるのです。

まず基本的なことをお話ししましょう。動物には、それぞれ必要な栄養素が違います。どんな栄養素からエネルギー源を得ているのかも違います。共通なのは、エネルギー源を得る栄養素を、より「甘い」と感じていることです。動物が生きていくために必要なのは、まずなによりもエネルギー源。だからエネルギー源になる栄養素に対して「甘い」と感じるようインプットされているのです。「甘い」という味覚は快感につながります。つまり、それを食べさせるための“ごほうび”なのです。

私たち人間にとってのエネルギー源は糖分です。だから私たちは糖分を「甘い」と感じます。疲れたときほど甘いものをおいしく感じるのは、体がエネルギー源を摂取させようとしているからです。そして、肉食動物であるネコにとってのエネルギー源はタンパク質です。だからネコは、タンパク質に含まれるアミノ酸の甘さを強く感じます。カニ肉の甘さ、あれが甘いアミノ酸です。糖分の甘さは感じないばかりか、うまく消化することもできません。生クリームなどをネコは好んで食べますが、砂糖に反応しているのではなく、脂肪に反応しているのでしょう。

いずれにしろ、人がおいしいと感じるものをネコも同じように

「おいしい」と感じるわけではありません。ネコにはネコの栄養学、人には人の栄養学があるのです。そして、それぞれ自分に必要な栄養素を「おいしい」と感じるのです。

動物にはそれぞれ、わかる味とわからない味がある

舌が、味を感じとる。
人間は糖分を甘いと感じるが、ネコにはわからない。
そんなネコはアミノ酸の甘味を強く感じる。
?
人は糖分を、
ネコはタンパク質を
エネルギー源にしているから。
動物はそれぞれ必要とする
栄養素が違う。
だからそれぞれ味覚も違う。

食べものはニオイで判断する

とはいえネコは、味で食べものを判断しているわけではありません。食べられるものかどうかを決めるのはニオイです。ネコの鼻は人間の5〜10倍も鋭いのです。食べもののほか、自分のなわばりや知っている人かどうかなどもニオイで判断しています。ネコは嗅覚で周りの世界を“見ている”といって、けっして過言ではありません。生れたばかりの子ネコが母親の乳首に確実に吸いつくのも、嗅覚です。まだ目も見えず耳も聞こえませんが、嗅覚だけは発達していてニオイで乳首を探し当てます。

ところで、ニオイで食べられるものかどうかを判断するネコには、困ったことが1つあります。ニオイのしないものは判断ができず、だから食べないという点です。たとえそれがネコにとってどんなに「おいしい」ものであっても、ニオイがしなければ食べません。冷蔵庫から出したばかりのものは冷えていてニオイがしないので食べません。もしネコが風邪をひいて鼻がつまってしまったら、ネコにはなにもニオイがしないわけですから、なにも食べなくなって衰弱します。「ネコの風邪は危険だ」といわれるのは、これが理由です。

でも、ニオイで食べ物を判断することは、特に変わったことでもありません。人間は視覚で食べるか食べないかを決めますが、“見てくれ”の変なものは絶対に食べないという人がたくさんいるではありませんか。同じことです。人間は視覚に頼る動物、ネコは嗅覚に頼る動物なのです。ネコの場合は、特に本能に忠実だというだけです。“見てくれ”の変なものを食べてみたがる「ゲテモノ食い」は、よく言えば人間的なチャレンジ精神。悪く言えば動物としての正しい本能を失っているのだといえるでしょう。

ネコはニオイで食べられるものかどうかを判断する

だから、
ニオイのしないもの
は食べない。

冷たいものも、
ニオイがしない。

風邪をひいて鼻がつまるとなにも食べられなくなる。

09 よく噛まずに飲み込むのはなぜか

肉食動物は、咀嚼(そしゃく)をせずに“丸飲み”をします。だから、よく噛んでいないように見えます。奥歯で咀嚼をして飲み込むのは、私たちを始めとする雑食動物の食べ方です。そして草食動物は下あごを左右に動かして“すりつぶして”飲み込むという食べ方をするのです。

ネコがアクビをしたときに、奥歯の形を観察してみてください。私たちの奥歯は「臼歯」といわれるとおり臼(うす)のような形をしていますが、ネコの奥歯の先端は尖っています。咀嚼のできる形ではありません。次に、ネコが口を閉じているときに唇をめくり上げて奥歯を見てください。上の奥歯が外側に、下の奥歯が内側に“すれ違っていて”、私たちの奥歯のように“噛み合わさって”はいません。やはり咀嚼のしようがありません。

ネコは、奥歯で肉を飲み込める大きさに“噛みちぎって”いるのです。そして、そのまま飲み込むのが正統な食べ方です。噛みちぎるための奥歯だから、先端が尖っていて、かつ“すれ違って”いるのです。私たちが、前歯で適当な大きさに噛みちぎるのと同じです。私たちの前歯も先端が尖り、かつ前後に“すれ違い”ます。ハサミでものを切るのと同じしくみです。ネコの奥歯は裂肉歯(れつにくし)と呼ばれています。

刺身を一切れ、ネコに与えてみてください。頭を横にして、奥歯でガシガシと2〜3回噛んで飲み込みます。この2〜3回のガシガシが、飲み込める大きさに噛みちぎっているときです。咀嚼しているのではなく、噛みちぎっているだけです。噛みちぎって丸飲みだから、ネコの食事はアッという間に終わるのです。

キャットフードは噛みちぎる必要がなく、前歯ですくい取ればいいだけなので、この“正統”な食べ方は最近は、なかなか見られなくなりました。本来なら、ネコの小さな前歯は食事にはほとんど使われません。前歯は、おもに毛づくろい用です。かゆいところをガシガシと噛んでクシの役目をしています。

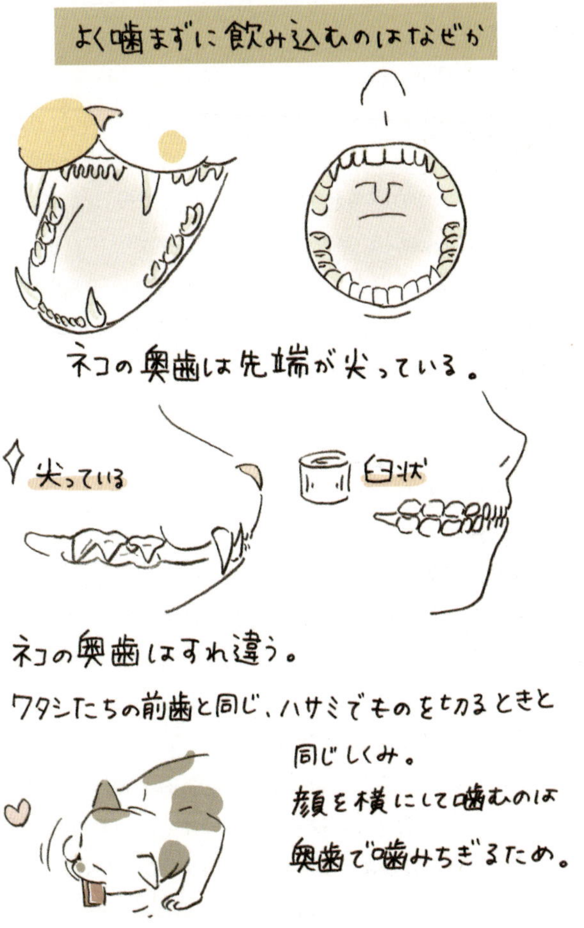
よく噛まずに飲み込むのはなぜか
ネコの奥歯は先端が尖っている。
尖っている
臼状
ネコの奥歯はすれ違う。
ワタシたちの前歯と同じ、ハサミでものを切るときと
同じしくみ。
顔を横にして噛むのは
奥歯で噛みちぎるため。

動物はみな、ネコ舌

熱いものが食べられない人のことを「ネコ舌」といいます。まるでネコだけが熱いものを苦手とするように聞こえますが、違います。動物はみな、「ネコ舌」です。人間の大人だけが、熱いものを食べることができるのです。熱い食べものを楽しむという食文化のなせるワザです。

そもそも自然界には、フーフーと吹かなくてはならない熱い食べものなど存在しません。いちばん温度の高いもので、殺したばかりの獲物ですから、体温と同じです。つまり動物は元来、体温以上に熱いものを食べる習慣がないわけで、だから、そんなものを食べる能力も備わっていないのです。人間だって、子供のうちは熱いものが食べられません。だんだんと“訓練”を重ねることによって、「ネコ舌」を卒業していくのです。人間の「ネコ舌」は、野生的ともいえますが、訓練不足ともいえるわけです。

では、イヌだって「ネコ舌」であるはずなのに、なぜ「ネコ舌」で「イヌ舌」とはいわないのでしょうか？

イヌは飼い主に従順で、めったなことでは文句をいわないからでしょう。多少、熱くてもがまんして食べますから、人間の子供と同じく“訓練”されていく可能性大です。その点、ネコは「我が道を行く」動物で、熱いと「ギャッ」と飛びのくなど、しぐさがオーバー。だからネコの「ネコ舌」だけが昔から、やけに目立っていただけです。

肉食動物が本来、好む食べ物の温度は“人肌”です。それが仕留めたばかりの獲物の体温だからです。冬、ネコ缶を“人肌”まで暖めて与えるとよく食べるのはそのためです。ネコ缶は水分が多いので、冬期はかなり冷たい食べものになっているのです。

ネコは「ネコ舌」、だけど…

ネコは「ネコ舌」、
熱いものが苦手。

でも本当は、動物はみな「ネコ舌」

自然界には体温以上に高い温度の
食べものは存在しないから。

人間は訓練によって
ネコ舌を脱却する。

イヌはがまんして食べる。

ネコはオーバーだから
目立つだけ。

10 複数のオスの精子を受精するというのは本当か

ネコは交尾排卵というしくみを持っています。交尾の刺激で排卵が起きるというものです。多くの動物は発情期になると自然に排卵が行われ、そのときに交尾をすると受精するのですが、ネコは交尾をすると排卵が起きます。だから、一度の交尾が確実な受精につながるとはいえますが、なぜこのしくみがあるのかについてのくわしいことはわかっていません。交尾排卵はネコのほか、ウサギにもみられます。

発情期に入ったメスはフェロモンをまき散らし、そのフェロモンに反応して多くのオスたちが集まってきます。オスにすれば、フェロモンに引かれてイソイソとやってきたら、ほかにもオスがいるわけですから、「オマエは帰れ」、「いや、オマエこそ帰れ」とケンカになります。発情期のネコたちがワーワーギャーギャーと騒ぎ続けているのは、そのケンカです。そして、ふつうはいちばん強いオスがメスと交尾をするわけですが、中にはほかのオスがケンカをしているすきにチャッカリ交尾をしてしまうものもいます。この交尾で排卵が起き受精がなされます。でもそのあとで強いオスが「ナンダ、このやろう」とチャッカリ者を追い払って再度、交尾をしたとしたら、このときにも排卵が起きて受精する可能性があるわけです。すると、父親の違う子供たちが同時に生れることになります。

メスは、受精すると発情が止まり、オスを受け入れなくなりますから、いつも父親の違う子ネコが生れるということではけっしてありません。場合によっては、そういうことが起きる可能性もあるというだけです。

発情期のネコたち

発情期のネコたちはフェロモンをまき散らす。

この中のオス2匹が交尾をしたとすると…

交尾のたびに排卵が行われ、父親の違う
子供が生まれることもアリ。

メスが発情して初めてオスが発情する

人間は1年中、繁殖が可能ですが、動物たちは繁殖可能な季節が決まっています。発情期または繁殖期といい、それ以外の時期に交尾をすることはありません。

ネコは日照時間が長くなると発情期を迎える動物です。早春に大きな発情期を迎え、秋までに小さな発情期を1～2回、迎えます。おそらく野生時代には、早春のみに発情期を迎えていたのだと思います。人と暮らし始めて栄養がよくなり、発情期の回数が増えたのでしょう。最近の室内飼いのネコは人とともに夜も照明の下で暮らすので、冬にも発情期を迎えるようになっています。

最初の発情期は生後1年前後で訪れるのがふつうですが、早いと生後4か月という場合もあります。いずれにしても、まず発情するのはメスです。オスは発情期のメスが出すフェロモンによって初めて発情するのです。もしオスネコしかいない離れ小島があったとしたら、そこに発情期がめぐってくることは絶対にないというわけです。繁殖のイニシアチブはメスにあるのです。ネコにかぎらず動物はすべてそう。われわれ人間も例外ではありません。

さて、メスネコの出すフェロモンは、かなり遠くまで広がってオスに発情を起こさせます。そして発情したオスはメスにめぐり会うために、それこそ寝食を忘れて行動します。放し飼いで未去勢のネコが2日も3日も家を開ける理由の多くがこれです。メスは集まってきたオスたちの中から、「よりどりみどり」で交尾相手を探せばよいのです。オスはメスを獲得するためにケンカをしているのでしょうが、メスにすれば“より強いオス＝優秀な遺伝子”がトーナメントで勝ち残るのを待っているだけ。メスのイニシアチブとは、かくも非情なもののようで…。

第2章

行動の疑問

窮屈な箱に入って眠るネコ。なんでこんなことをするの？と飼い主は不思議に思うかもしれませんが、それにはネコなりの立派な理由があるのです。ここではネコの行動について、よく聞かれる10の疑問に答えます。

11 いつからネズミを捕まえるようになるのか

ネコは、「動くものを捕まえたい」という衝動を持って生れてきます。だから、目が見えるようになるのと同時に動くものに手を出し始めます。「手を出さずにはいられない」という心境なのです。かといって、すぐにネズミを捕まえられるわけではありません。練習をし、訓練を積んで初めて、獲物を捕まえられるようになるのです。

その練習や訓練が、子ネコのときの“じゃれつき遊び”です。子ネコは「やらずにはいられない」ことをやっているだけですが、われわれの目には遊んでいるようにしか見えません。でも遊びとはそもそも、「やらずにはいられない」ことをやるのが楽しいときに成り立つものです。動物はみな、その動物に必要な動きをやることが楽しくて、だから子供のときに“遊び”としてそれをやり、結果的にそれが練習や訓練になるというわけです。

子ネコは、足腰がしっかりしてくると今度は動くものを追いかけたり飛びついたりし始めます。その中で体力をつけ、また飛びつくタイミングなどを習得します。さらに成長すると、“遊び方”はだんだんと高度になっていきます。そして待ち伏せて忍び寄り、飛びつくという狩りのための一連の動きがスムーズにできるようになってきます。野生の場合、この段階で実際の狩りを始め、失敗を繰り返しながらだんだんと完璧な狩りができるようになります。生後4～5か月でこの段階に達すると考えてよいでしょう。

人に飼われている場合でも、放し飼いのネコなら外で実践を積み、最初は虫などの小さなものを、次第にネズミや小鳥などを捕まえるようになります。でも室内飼いの場合は、実践のチャンスがありませんから、「実際の狩りをやってみる」段階の前でストップです。大人になってから突然、ネズミに遭遇したとしたら、「なんだ!?　これは！」と驚いて尻込みしてしまうことでしょう。怖くて逃げてしまうネコもいます。最近では、ネズミなどを見たことのないまま一生を終えるネコたちが増えています。そのネコたちは、疑似的な狩りを遊びとして続けるだけで、一生、ネズミを捕ることはできないままでしょう。

子ネコのじゃれつき遊び

ネコは生まれたときから、
動くものを捕まえたい
という衝動を持っている。

じゃれついたり、追いかけたり
しているうちに体力がつき
技術をマスター。

そのうち実際の狩りを
し始める。

室内飼いで実践の経験ができないネコもいる。

動物の"遊び"は大人になるための勉強

高等動物の子供は、よく遊びます。そして遊び方は動物によって違います。その動物が生きていくために必要な動きが、それぞれ"遊び"になっているからです。

ネコが動くものにじゃれついて遊ぶのは、それがネコの狩りに必要な動きだからです。イヌは人といっしょに走ったり、逃げるものを追いかけたりする遊びが好きです。イヌの狩りは、仲間とともに獲物を追いかけるという方法だからです。

サルの子供は、高いところに登ったり、木から木に飛び移ったりする遊びをします。その能力が高くなければサルとしての暮らしができないからです。ヤギの子供はうしろあしで立ち上がり、誰かに頭突きをして遊びます。ツノを使った頭突きで敵の攻撃をかわすからです。

動物たちは、たんに「やりたくて仕方のないこと」をやっているだけですが、それが将来に向けての練習や訓練になり、大人としての独立を可能にしているのです。

ところで、「動物は大人になると遊ばない」といわれますが、遊ばないのではなく遊ぶ余裕がないだけです。習得した動きはすべてエサを探したり危険から身を守ったりするために使われ、それだけで1日が終わってしまい、遊ぶ時間などないのです。

その点、人に飼われ食糧と安全を十分に与えられているペットたちは、時間と気持ちに余裕があるという意味で子供時代と同じです。だから「やりたくて仕方のないこと」がいつまでも"遊び"として表れます。人に飼われ幸せに暮らしているネコやイヌは、死ぬまで遊び続けます。室内飼いのネコは一生、本当の狩りができないまま終わることが多いのですが、けっして不幸なことではありません。疑似的な狩りであろうと、ネコにしてみれば、「やりたいこと」をしているだけ、「しないではいられない」ことをしているだけです。本当の狩りであろうと疑似的な狩りであろうと、ネコの満足感は同じです。「しないではいられない」ことをすることは楽しい、それだけです。

動物の遊び方は大人になったときに必要な動きと同じ

動くものを捕まえるのがネコの狩りに必要な動きだから。

イヌは追いかけるのが狩りの方法だから。

これがうまくないとサルとして生きていけない。

ヤギは頭突き遊びが好き。これが敵から身を守る方法だから。

12 なぜ、あんなに眠るのか

動物にはそれぞれ、決まった睡眠時間というものがあります。たとえばウシやウマ、ゾウは1日約3時間、チンパンジーは約9時間、オオカミは約13時間、ライオンは10～15時間、そしてネコは約14時間とされています。ただし、このネコは野生的な暮らしをしている場合です。飼いネコはもっと寝ています。

なぜ動物によって睡眠時間が違うのでしょうか。それは、動物によって1日にしなくてはならないことが違うからです。しなくてはならないことに時間のかかる動物ほど睡眠時間が短く、時間のかからない動物ほど睡眠時間が長いのです。動物はみな、「やることがなければ寝る」のが信条で、無駄に動きまわったりはしないもの。1日24時間のうちの余った時間がそのまま睡眠時間として先祖代々、決まっているというわけです。

「しなくてはならないこと」の筆頭は食事です。大型の草食動物は大量の草や葉を食べなくてはならず、1日の大半を食事に費やしています。だから寝る時間がないのです。反対に肉食動物は、獲物を捕えて丸飲みですから、食事に時間がかかりません。つまり時間が余るわけで、その分、睡眠時間が長いのです。大型草食動物の睡眠時間が短く、肉食動物の睡眠時間が長いのは、そのためです。

人に飼われているネコは、自分でエサを探す必要がありませんから、野生のものよりもっと時間が余ります。「やることがなければ寝る」のは習性のようなものですから、さらに睡眠時間は増えるわけです。飼いネコは1日のうちの20時間近くを眠って過ごします。年をとってくると、もっと寝ます。ネコの語源は「寝子」

だという説もあるほどです。眠るために生れてきて、死なないためにときどき起きてゴハンを食べているといってもけっして過言ではない気がします。ちなみに人の睡眠時間は約8時間とされています。人間にいちばん近いチンパンジーの睡眠時間とほぼ同じです。8時間は、動物としての人の睡眠時間というわけです。

動物によって、それぞれ睡眠時間が決まっている

大型草食動物は
1日約3時間。
草を食べるのに忙しい。

肉食動物は食事は
丸飲み。時間が余り、
それが睡眠時間に。

飼いネコはさらに時間が
余り、1日 20時間
ちかくが睡眠時間。

ネコも夢を見る

熟睡したネコのあしが突然、ピクピクと痙攣（けいれん）のように動くことがあります。そのうち瞼（まぶた）や眼球もピクピクと動き、唇も動いてミチミチと音をたてます。しまいに背中もザワザワと動いたりします。そのとき、ネコが夢を見ている可能性大です。もし「う〜、う〜」などと寝言をいっていたら、確実に夢を見ています。

睡眠には、レム睡眠とノンレム睡眠の2つのタイプがあります。それぞれを簡単に区別すると、前者は体が眠っていて脳は起きているタイプ、後者は脳が眠っていて体が起きているタイプです。ほ乳類は、睡眠中にレム睡眠とノンレム睡眠を何度も繰り返しています。鳥類、そしてハ虫類の一部は、おもにノンレム睡眠をする中に一時的にレム睡眠が現れます。

人はレム睡眠のとき、閉じた瞼の下で眼球が急速に動きます。そして多くの場合、夢を見ています。レム睡眠のレムは、Rapid Eye Movementの頭文字をとったもの、ノンレムは、Non Rapid Eye Movementの頭文字です。ネコやイヌの場合は、眼球だけでなく、あしや唇も急速な動きをします。そして実験の結果、ネコもレム睡眠のときに夢を見ていることが証明されています。同様に、ほかのほ乳類も夢を見ているだろうと考えられています。

レム睡眠は、脳が起きていて体が眠っている状態です。脳が起きているから夢を見るのです。体は眠っているので、姿勢を保つ筋肉の緊張がゆるみ、だからピクピクと意味もなく動くのです。体が眠っていますから、触っても、なかなか起きません。

最後にネコはどんな夢を見るのか、これぱかりは永遠のナゾです。

睡眠中のネコ

レム睡眠中のネコ。夢を見ていることが多い。
寝言をいうこともある。

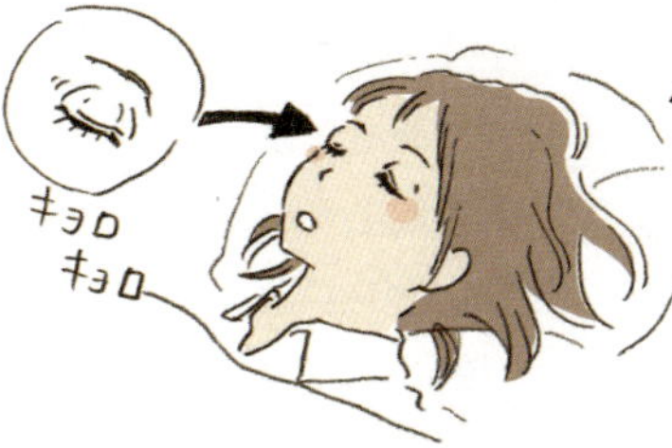

人もレム睡眠中に
夢を見る。

たまに、ねぼけて逃げ
出したりするネコもいる。
夢と現実とは区別できて
いるのか？

13 なぜ顔を洗うのか

ネコが顔を洗うのは、ほとんどの場合、食事の後です。まず口の周りを舌でなめ、次に「顔洗い」が始まります。

「顔を洗う」とひと言でいいますが、よく見ると、最初に洗っているのは口の両脇にあるヒゲです。なめた前あしでヒゲをこすり、その前あしを、またなめてヒゲをこすり、これを繰り返します。次に反対側の前あしを同じように使って、反対側のヒゲもきれいにします。ヒゲの掃除が終わったあとで、顔全体を洗い始めます。そうやって、食べた後の口の周りやヒゲの汚れ、顔の汚れを落とすのです。顔は直接なめることができないので、なめたあしを使っているのです。

ネコは本来、生きた獲物を殺して食べていたわけです。食後は口の周りだけでなく顔全体が汚れます。そのままにしておくと不潔です。そこで食後に、口の周りや顔をきれいにするという習性があるのです。特にヒゲだけを丹念に洗うところを見ると、ネコにとってヒゲは、よほどたいせつな感覚器官なのでしょう。

同じ肉食動物であるイヌも食後に顔が汚れるという点では同じです。でもネコのように熱心に顔を洗うわけではありません。ネコは待ち伏せをして狩りをする動物ですから、体にニオイが残ることを嫌うのです。体臭がしたら、獲物たちがネコの存在に早期に気づいて逃げてしまうからです。実際、短毛のネコの場合、シャンプーなどしなくてもイヌほどの体臭はありません。

体臭を消すことが、ネコという動物の至上命令なのです。だから、汚れを落とすだけでなく体臭を消すためにも、さらに熱心な顔洗いが必要というわけです。

食後の清掃手順

①口の周りの汚れをとる。

②ヒゲの汚れをとる。
手をなめてこすり、
なめてこすり…。

③顔全体の汚れをとる。
なめてこすり、
なめてこすり…。

④最後に手をなめて終了。
ぬらした手で汚れをとり、
最後に手の汚れを
なめとっていることになる。

立派!

毛づくろいはリラックス効果あり

食後の顔洗いが終わるとネコは、どこかゆっくりとできる場所に移動して、今度は体全体の毛づくろいを開始します。背中をなめ、おなかをなめ、あしをなめ…。「ネコはきれい好き」といわれるゆえんですが、これも体臭を消すための日々のメンテナンスです。そして「よくぞ飽きずになめ続ける」と思えるほどになめたあと、コテッと寝てしまいます。コテッと寝られるよう、ゆっくりできる場所に移動していたのです。

体をなめる毛づくろいには、リラックス効果があるのです。だから、なめているうちに眠たくなり、がまんができなくなってコテッといくのです。

なめることにリラックス効果があるのは、ネコにかぎりません。ほ乳類はみな同じです。自分でなめても親や仲間がなめてくれても、けっきょくは同じことです。そして“なめること”も“なでること”も体に与える刺激効果としては同じスキンシップです。ほ乳類の子供はみな、親になめてもらったり、なでてもらったりしながら育ちますが、そのスキンシップが安らぎとリラックスをもたらし、心身ともに健康な成長をももたらすのです。お腹が一杯になり安心と安らぎを感じたほ乳類の子供たちはみな、眠りに落ちますが、これと同じことが毛づくろいあとのネコにも起きているというわけです。

スキンシップによってリラックスしたとき、血圧や脈拍が下がり、消化液や成長ホルモンの分泌が高まることは、実証されています。興奮状態にある人を、愛情をこめて抱きしめると落ちつくのもスキンシップによるリラックス効果です。私たちがネコをなでたときにリラックスするのは、なでることが自分へのスキンシップになっているからです。ネコは食後やトイレ後に、体臭を消すために毛づくろいすることで、おおいにリラックスしていることになります。これもネコの睡眠時間を増やしている理由の1つかもしれません。また、毛づくろいのリラックス効果を本能的に知っているからでしょう。ビックリしたときなど、ちょっとだけ背中をなめるという行動をとります。なめることで気持ちを落ち着けようとしているのです。

ネコの体の毛の向き

ネコの体の毛の向きは、場所によっていろいろ。

この毛の向きにそってなめる。

なめやすいようになのか？ それとも、なめるからなのか？

14 夜の集会はなぜ起きるのか

夜更けの駐車場や神社などの空き地に、ネコがたくさん集まって、なにをするわけでもなく座っている。おたがいに少し離れた位置に陣取り、ケンカをするわけでもなく、かといって仲よくするわけでもなく、ただ座っているだけ。それがネコの「夜の集会」です。三々五々と集まってきて一定の時間を過ごすと、また三々五々と散っていきます。いったいなにをしているのだろう、なんのために集まっているのだろうと、昔からいわれ続けてきました。そしていまも、やはりその疑問は解けないままです。

ただし、有力な説はあります。それは、「なわばりが重複するネコ同士の“顔見せ”的なものではないか」というものです。「夜の集会」はネコの密度の高い都会など人口密集地で見られる行動で、ネコの密度が低い地域では見られないのです。ネコの密度が高いということは、それぞれのなわばりに重複する部分があるということです。その重複部分にある空き地などに“顔見せ”的に集まっているのではないかというのです。

「なぜ“顔見せ”が必要なのか？」と言われたら、それはよくわかりません。ネコは夜、活動するものです。放し飼いのネコも深夜に出かけていきます。自分のなわばり内を歩いているうちに、神社や空き地を通りかかると、そこにはほかのネコが集まっていて…。サッサととおりすぎる気にもなれず、「なんとなく」いるのかもしれません。それが結果的に“顔見せ”になり、自分のなわばり内にどんなネコが暮らしているのかを知ることで、自分のなわばりというものをあらためて把握しているのかもしれません。

いずれにしろ、「夜の集会」にはいまだにナゾだらけなのです。

多くのナゾを残したまま、都会のネコが次々と室内飼いに移行していくことで、いずれ「夜の集会」は見られなくなる日がくるのかもしれません。けっきょく、ナゾはナゾのままになるのでしょう。

ネコの夜の集会

深夜、ネコが三々五々と集まってくる。

ケンカもせずなにもせず、ただ座って時間を
過ごし、そのうちまた三々五々と散っていく。

なわばりの重複部分で
「顔見せ」？
はっきりしたことは
わかっていない。

ネコのなわばりの広さはさまざま

ネコは、なわばりをつくる動物です。なわばりとは、ひと言でいうと食糧と安全を確保できるスペースのことです。野生の場合なら、獲物がいて狩りのできる場所や安心して用の足せる場所、そして安心して寝ることのできる場所を含むスペースです。飼いネコの場合、食事は家で食べればよいのですから、そのなわばりは安心して昼寝のできる場所と安心して用の足せる場所を含むスペースと考えてよいでしょう。

どのくらいの広さが、なわばりとして必要なのかは一概にはいえません。条件によって違うからです。野生の場合、獲物が少ない場所ならば広い範囲が必要になります。反対に獲物がたくさんいる場所では、狭くても問題はありません。飼いネコの場合なら、快適な昼寝場所と安全なトイレ場所との距離が近ければ、広い範囲をなわばりにする必要はないということになります。

ある程度広い範囲を動きまわっているネコたちの場合、それぞれのなわばりの周辺部が、どうしても重複します。その重複部分に「夜の集会」の場所ができるのでしょう。

室内飼いのネコの場合は、家の中に十分な食糧があるわけです。快適な寝場所も安全なトイレも家の中にあります。だから、なわばりは家の中だけでかまわないのです。行動範囲としては、けっして広くはありませんが、ネコのなわばりとしての条件は、すべて家の中だけで満たされています。何の不満もないと考えるべきです。「室内飼いのネコは夜の集会に出なくてもよいのか」と心配する人がいますが、なにも問題はありません。室内飼いのネコは「夜の集会」に出る必要などないのです。その存在さえ知らないまま暮らす、それで問題はないのです。

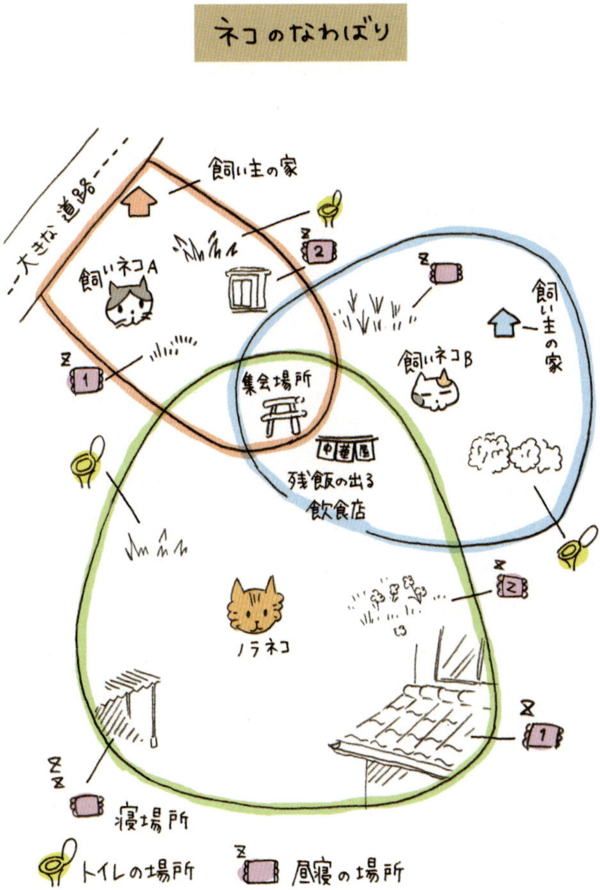

ネコのなわばり
大きな道路
飼い主の家
飼いネコA
飼い主の家
飼いネコB
集会場所
中華屋
残飯の出る
飲食店
ノラネコ
寝場所
トイレの場所
昼寝の場所

15 ニオイをかいだあとに口を半開きにするのはなぜか

床に脱ぎ捨ててある靴下などのニオイをかいだあと、ネコが口を半開きにしていることがあります。少しだけ口を開け、上唇をあげて上あごの歯をむき出しにし、目はやや細めます。ニオイのひどさにひきつっているのかと思ってしまう顔つきですが、けっしてそうではありません。フレーメンという行動です。人や動物の体臭のついたもののニオイをかいだあとによく見られます。

ネコは、鼻からだけでなく口からもニオイをかぎとっているのです。それがフレーメンです。ネコの口蓋(こうがい、口の中のアーチ型をなす上壁部)の、前歯の付け根あたりに小さな穴が2つあり、ヤコブソン器官へとつながっています。そこから取り入れられたニオイの分子は、鼻からのニオイとは別のルートを通って脳に伝えられます。ヤコブソン器官にニオイ分子を取り入れるために、口を半開きにして上唇を上げているのです。

フレーメンは、ネコのほか、ウマやウシ、ヒツジ、ハムスターなどにも見られます。ウマのフレーメンは動作が大きいのでよく目立ちます。唇がめくれあがり、まるで笑っているように見えるのがそうです。本来は性行動の1つであり、異性の尿などに含まれるフェロモンを感知するためのものだと考えられていますが、飼育されている動物では、ほかのニオイにも反応します。ネコのフレーメンも、いろんなニオイに対して起こりますが、食べもののニオイでフレーメンをすることはありません。ある種のニオイに対する反応であることは確かですが、くわしいことはわかっていません。人間にも胎児のときにだけヤコブソン器官がありますが、なぜあるのかは不明です。

ネコのフレーメン行動

ニオイをかいで…

たまに見る、この顔。

くさくてひきつって

いるわけではない。

ヤコブソン器官

からニオイをとり

いれているところなのだ。

ヤコブソン器官は口の中にある。

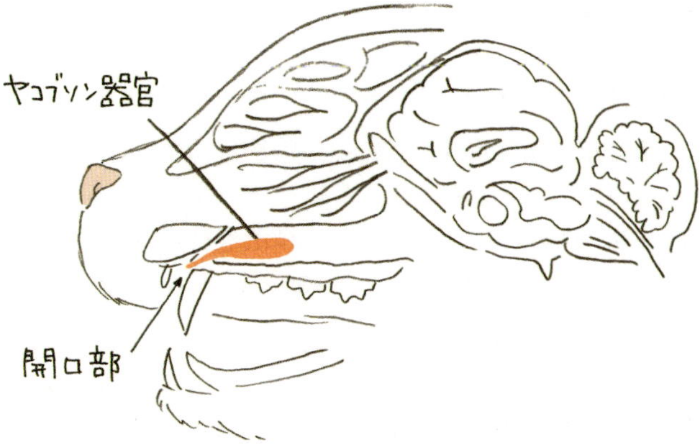

16 窮屈な箱にワザワザ入りたがるのはなぜか

野生時代のネコは、木のウロや岩場の隙間などに入り込んで寝ていました。そこが多少、狭かろうとなんだろうと、体のやわらかいネコには苦痛ではなかったのでしょう。それよりも狭いことは安心材料であったはずです。自分よりも大きな動物が入ってくることができないからです。自分より大きな動物、それはネコを獲物として襲ってくる動物かもしれないのです。

狭いところに入りたがる習性は、人に飼われるようになったいまでもネコに残っています。本箱の隙間などに、どう見ても苦痛だろうと思える恰好で寝ています。また、穴ぐらのような場所があると、入ってみなければ気がすまないようです。そして入ってみて「なかなか快適」と思えばかならず、昼寝を始めます。床に紙袋が置いてあるときなどがそうです。野生時代も「よさそうな隙間や穴ぐら」を見ると、取りあえず入ってみて、「よさそう」と思えば昼寝をし、以後、自分の昼寝場所リストに加えていたのでしょう。

この習性に加えてネコには、「昨日やったことを今日もやる」という習性があります。昨日やってみて安全だった方法を今日もやっていたほうが、危険性が少ないからです。その意味でネコは、おおいに「安全パイ主義」です。だから一度、昼寝場所にしたところは翌日も昼寝場所にします。子ネコのとき昼寝場所に選んだ小さな箱に、翌日もその翌日もという風に寝ていると、いずれ自分が大きくなりすぎて入れなくなるわけですが、それに気づかないらしいのです。けっきょく、とんでもなくむりな姿勢で寝ることになるわけです。見ている人間は、もう笑うしかありません。

ネコが狭い場所に入りたがる理由

野生時代、ネコは
隙間や木のウロに
入りこんで寝ていた。

現代でもその習性は
残っている。

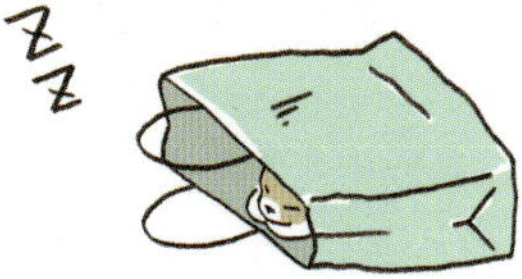

ネコはやることが
習慣する傾向あり。

すると、こういう
ことにもなる。

17 人の体にスリスリしてくるのはなぜ

ネコのスリスリは、なわばりと関係があるのです。ネコのなわばりが食糧と安全を確保できるスペースであることは前に述べたとおりですが、それは同時に「安心していられる場所」でもあるのです。地形や通り道などを熟知していて自由に行動することができる場所、それは安心していられる場所だということです。

ただし、その安心度は、なわばり内のどこでも同じというわけではありません。ねぐらにしているところがいちばん安心できる場所で、そこがなわばりの中心部です。そして中心部から離れるにしたがって、安心度は低下します。なわばりの周辺部に行けば行くほど安心度は低くなり、なわばりの外はとても不安を感じる場所になります。だからネコは、よほどの緊急事態ではないかぎり、なわばりの外に出ようとは思いません。

ネコは安心できる場所にいるとき、自分のニオイを周りにつけます。それがスリスリ。そして自分のニオイがするから安心でき、安心するからスリスリしと、これを繰り返しているのです。

ネコは、ほほやアゴの下、首のうしろなどにニオイの出る腺があり、そこをこすりつけることで自分のニオイをつけています。これらの場所は、基本的にムズがゆいのでしょう。緊張しているときは忘れていますが、リラックスすると、ムズかゆさを思い出して「かきたく」なるのだと想像できます。そして「かく」ために、どこかにこすりつけるとニオイがついてくれるという寸法です。なわばりの中心部に近いところほど安心してスリスリをやりますから、中心部はますます安心できる場所になるわけです。

飼いネコも同じようにリラックスしたときにスリスリをします。

こすりつけるのは、近間にあるものならなんでもよいのです。タンスの角、椅子のあし、くずかごの縁、そして人の体です。人の体にスリスリは「孫の手」がわりにされているようなものですが、ネコが安心してリラックスしている証拠だと思って、心よく「孫の手」になってあげたいものです。

ネコがスリスリする理由
ネコの頭部にはニオイの出る腺がある。
そこはいつもムズがゆい。
スリ
スリ
安心してリラックスすると
つい、どこかにこすりつけたくなる。
その証拠にかいてあげると
とてもよろこぶ。
気持ちいい〜
もっと
もっと！
ポリポリ

なわばりの外に出ると「借りてきたネコ」になる

昔から「借りてきたネコのようにおとなしい」という言い方がありますが、ネコの“なわばり観”をよく表した言葉です。

ネコは自分のなわばりの中では安心していられますが、なわばりの外に出ると、大きな不安と恐怖を感じます。その結果、委縮して、おとなしくなってしまうのです。動物病院の診察台の上に乗せられると“固まって”しまうのは、注射が怖いのではなく、知らない場所に連れ出された恐怖なのです。

こういう状態のネコに手を出したとき、さらに“固まり”ひたすらうずくまってしまうネコと、逆に攻撃に出るネコとがいます。気の弱いネコはうずくまり、気の強いネコは決死の覚悟で攻撃に出るというわけです。攻撃とは、不安と恐怖の裏返しなのです。われわれ人間も同じです。

また、知らない場所で不安を感じているネコは、とにかくどこか少しでも安心できる場所に逃げ込みたいと思います。それが、ネコを連れ出したときに起きる脱走事件です。ネコは、イヌとは違って、「飼い主のそばにいれば安心」とは思いません。飼い主などそっちのけで、とにかく逃げようとする生きものなのです。ネコの迷子事件の原因の多くが、なわばりの外に連れ出したことによって起きています。

ちなみに、そういう場合、ネコは遠くまでは行っていません。いちばん手近な物陰などに入り込んで、ジッとしています。不安で仕方がないのですから、そこから出ていくこともできないのです。脱走事件が起きたら、逃げた場所の近くにかならずいると思って探すことです。数日間も、そこから動けずにジッとしていることがほとんどです。

なわばりの外に出た時のネコの心理

ここはどこだ。
ドキドキ
注射が怖いのではない。なわばりの外に連れ出されたことに恐怖を感じている。
気の弱いネコは…
さあ、見せてごらん
ひーん
ますます小さく。
気の強いネコは…
さあ、おっと!
わ!
ひっかいたりする。
わー逃げる!
中途半端に気の強いネコは… とにかく逃げる。

18 なぜ風呂やトイレにいっしょに入ろうとするのか

昔、お風呂やトイレにいっしょに入りたがるネコは、あまりいませんでしたが、最近はどんどん増えています。飼い主との絆の形が変わってきたからです。飼い主を、兄弟のような仲間として認識し、いっしょになにかをしたいと感じているのです。

ネコは元来、単独生活者ですが、子ネコのときだけは母親や兄弟たちとともに集団生活をしています。そのあと、独立してひとりで暮らし始めるのですが、成長した子ネコが自分から親元を去るわけではけっしてありません。母ネコが、子ネコたちを攻撃して追い払うのです。これが「子別れ」です。子ネコたちは、できるものならいつまでも親元で甘えていたいと思っていますが、母ネコの攻撃に負け、泣く泣く親元から離れるのです。かわいそうなようですが、子ネコたちがいつまでも親元にいたら、いずれ母ネコのなわばりにいる獲物を食べつくして共倒れです。子別れは、野生の世界での長い目で見た生き残りの方法なのです。

ところが飼いネコは、飼い主がいつまでも母ネコのように食事を与え続けます。母ネコのようにかわいがり、けっして追い出したりはしません。だからネコは、いくつになっても子ネコのときの気分のままです。子ネコのように飼い主に甘え、子ネコのように兄弟といっしょに遊びたいと思い続けます。

それでも放し飼いのネコの場合は、外に出たときだけ大人の気分になります。そうでなければ、外の世界に対処できないからです。その点、室内飼いのネコの場合は、その必要もありませんから24時間、子ネコの気分でい続けます。お腹がすいたときは飼い主を母ネコとみなして甘えます。そしてお腹が一杯のときは、飼い主を兄弟とみなして、いっしょになにかをしようとします。子ネコたちの遊びにはかならず「言い出しっぺ」がいるもので、誰かがなにかを始めると、全員がそれに“つるむ”傾向があります。飼い主が風呂やトイレに行くことがネコにとっては「言い出しっぺ」で、だから“つるもう”として行動をともにするのです。室内飼いのネコに、この“つるみ癖”は強く現れます。

引き出しを開けてなにかを探しているときなども同じです。「なにがあるの？　ワタシもまぜて」です。室内飼いが増えたいま、ネコは飼い主に兄弟としての仲間意識を強く感じているわけです。「言い出しっぺ」の兄弟としての自覚をもって対処し、楽しんでください。

室内飼いのネコの気持ち

ネコは飼い主を　兄弟だと思っている。
そして兄弟のやることに参加したいと思っている。

お、君たちいっしょするかい？
ワタシも
まぜて〜
なになに？
オレも
まぜて！

飼いネコは子ネコ特有の行動をする

飼いネコは、死ぬまで子ネコの気分をもち続けます。そしてこれが単独生活者であるネコが人になつく理由です。子ネコ気分だからこそ、子ネコのときのように母親や仲間を求めるのです。

悪くいえば、飼いネコは大人になれないのだといえます。でも飼いネコは一生、人に飼われて過ごすのですからなにも問題はありません。自立する必要などありませんし、なまじ自立するとノラネコになってしまいます。人間も、いつまでも親がめんどうをみると子供が大人になれませんが、自立できない人間は将来、社会に出てからかならず困りますから、こちらは大いに問題です。

とにかく、そんな“大人になれないネコ”たちは、大人になっても子ネコ特有の行動を残しています。甘えたいとき、シッポをピンと上に立てて近寄ってくるのも、その1つです。この行動は本来、子ネコが母ネコの世話を求めて近寄るときのしぐさです。母ネコは近寄ってきた子ネコの体をなめますが、そのときシッポが立っていれば、お尻もなめることができます。子ネコのお尻をなめて排尿や排便をうながすのは、母ネコのたいせつな役目なのです。

もっと典型的な“幼児行動”は、人の体や毛布などを両手で交互にモミモミするしぐさです。子ネコはオッパイを飲むとき、母親のお腹を交互にモミモミするのです。そうやるとお乳の出がよいことを本能的に知っているからです。モミモミをしているときの子ネコは、暖かいミルクでお腹が満たされてなんの不安もなく、このうえない安らぎを感じています。そして飼いネコは大人になっても、そのときと同じような安らぎを感じたとき、このモミモミが出るのです。飼い主に抱かれてうれしいときや、やわらかい毛布の感触に母ネコの胸を思い出したときなどです。

極端な場合では、毛布をモミモミしているときに毛布をチュパチュパと吸うネコもいます。もっと極端な例では、飼い主の耳たぶをチュパチュパと吸うネコもいます。

さらに、人の体や顔におでこをくっつけてくるのも、子ネコ気分の名残です。子ネコはオッパイを飲んでいるとき、おでこが母ネコの体に密着します。そして飲み終わると、そのまま眠ってしまいます。おでこがなにかに密着していることも、子ネコの安らぎの条件なのです。飼いネコも同じように、飼い主におでこをくっつけたまま眠ります。一生、甘ったれの赤ちゃん気分、それが飼いネコの心理です。

飼いネコに残る子ネコのしぐさ

飼いネコは子ネコのときのしぐさが、大人になってもずっと残る。

甘えたいときはシッポを立てて近寄る。

うまいぐあいにお尻をなめることができるから。

オッパイを飲んでいたときと同じ気分になるとモミモミが出る。

19 死ぬときに姿を隠すというのは本当か

動物は体のぐあいが悪いとき、どこかでジッと休んでいたいと思うものです。それは静かで少し薄暗い、誰にもじゃまされない場所であるはず。ネコであれば、物置の隅や縁の下などでしょう。

何日か、そこで休んで元気になれば、また出てきてふだんどおりに暮らすのでしょうが、元気になれずに、そのまま死んでしまったとしたら、死体はずっとその物置や縁の下に横たわったままになります。昔、ネコはみな放し飼いでしたから、そういうとき飼い主は「ネコがどこかへ行ってしまった」と思い、そのまま月日が経ってしまっていたのでしょう。のちに物置を片づけたり、家を立て替えたりしたときに、ネコの死体が発見されます。すると、「死ぬためにここに入り込んだ」と思うわけです。それが「ネコはどこかへ死ににいく」とか「死ぬときは姿を隠す」といわれてきたゆえんです。

イヌもぐあいが悪いときは、同じようにどこか静かな場所で休みたいと思うはずです。でもイヌはつながれていますから、それができません。室内飼いの場合も同じです。ぐあいの悪いときは、廊下の隅など、人のこないところにうずくまっています。

ただし、そういうことをするのは、野性味の強いネコだけです。最近のネコは甘ったれですから、ぐあいが悪いと逆に飼い主にまとわりつく傾向があります。そして、そういうネコは飼い主のスキンシップが回復に大きな効果をもたらします。野性味の強いネコは、ふだんは甘えていても、ぐあいの悪いときには人に触られるのを拒みます。ぐあいが悪いと野生が現れるということでしょう。ウッカリ窓を開けていると「死にに行く」可能性ありです。

「ネコは死ぬときに姿を隠す」といわれる理由

昔のネコはぐあいの悪いとき、どこかで静かに休みたいと思った。

そのまま、死んでしまうことも多かった。

▽

のちに死体が見つかると、人は「死にいった」のだと思った。

▽

現代の室内飼いのネコは家から出ることはできないので、ぐあいが悪くても家にいる。

▽

「触るな!」と怒るネコもいるが、逆にまとわりつくネコもいる。

20 夜中に大騒ぎをするのはなぜか

動物には、夜行性の動物と昼行性の動物とがいます。ネコは夜行性の動物です。夜行性といっても、夜じゅう起きているわけではありません。夜は起きている合間にときどき寝て、昼間は寝ている合間にときどき起きているといったところです。放し飼いのネコの場合、深夜になると出かけて行きます。「やる気のスイッチ」が入り、ジッとしていられない気分になるからです。野生の場合、このスイッチが入るからこそ、狩りをするエネルギーが出るのです。そして、深夜に「やる気のスイッチ」が何度か入るという体内時計は先祖代々、ネコが受け継いでいるものです。

子ネコを飼うと、深夜に大騒ぎをして走り回り、飼い主は寝不足になるものです。先祖代々の「やる気スイッチ」が正しく入るからなのです。追いかけっこ、ケンカごっこと、その元気度は昼間の比ではありません。それこそ"深夜の大運動会"です。放し飼いの場合、この元気をもって夜遊びに出かけるようになるわけです。

室内飼いの場合も、夜中になると突然、「ウグッ」という掛け声とともにダダダッと走りだしたりするものですが、成長するにしたがって、だんだんとスイッチの入る回数が減っていきます。そして、飼い主が寝る時間にいっしょに寝始めて、朝までずっと寝るようになります。昼間もさんざん寝ているのに、飼い主といっしょに同じだけ眠るのです。昼間、人が家にいる家庭の場合は特にそうです。年令的なものだけでなく、ネコの文化というべきでしょう。人に生活に合わせた暮らしをするようになるわけです。先祖代々の体内時計が、暮らし方の変化とともに変わってくるということです。ネコは意外に高等な動物です。

ネコの体内時計

ネコ本来の体内時計

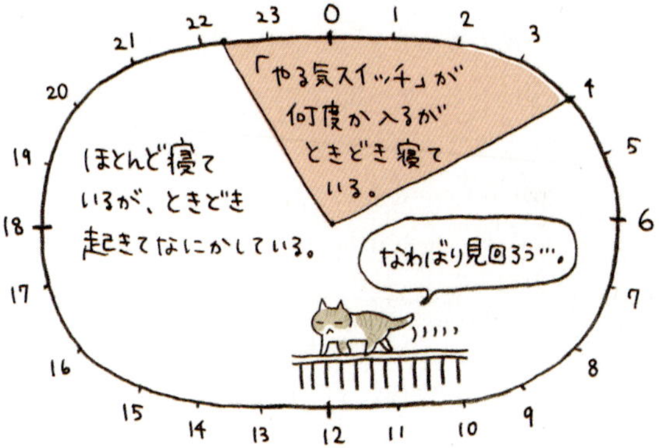
0
1
2
3
4
5
6
7
8
9
10
11
12
13
14
15
16
17
18
19
20
21
22
23
「やる気スイッチ」が何度か入るがときどき寝ている。
ほとんど寝ているが、ときどき起きてなにかしている。
なわばり見回ろう…。

室内飼いのネコの体内時計

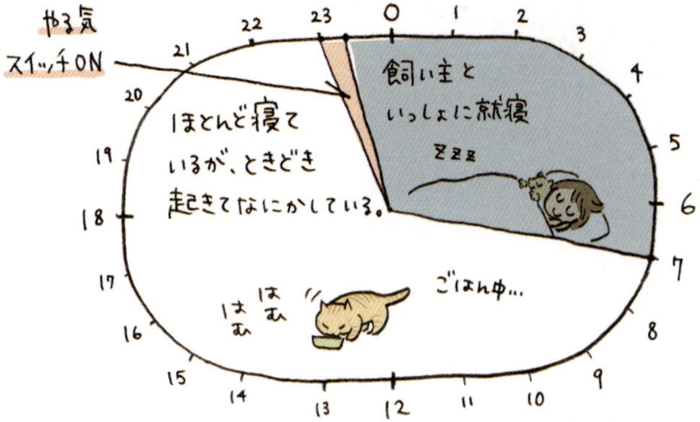
やる気スイッチON
0
1
2
3
4
5
6
7
8
9
10
11
12
13
14
15
16
17
18
19
20
21
22
23
飼い主といっしょに就寝
zzz
ほとんど寝ているが、ときどき起きてなにかしている。
ごはん中…
はむはむ

ネコはトイレの前後にも走り回る

室内飼いのネコのトイレタイムを観察していると、不思議なことに気づくはずです。トイレの前後に、「夜中の運動会」レベルで走り回るということです。突然にして走り出し、「どうしたのだろう？」と思っていると、トイレに飛び込んでウンコかオシッコをするのです。そして事後処理が終わった途端に、またダダダッと走りだします。トイレから飛び出すときのうしろあしの蹴りで、トイレが移動してしまうほどです。実に不思議な行動です。

これはいったい、なんなのでしょうか。おそらくネコが用を足しにいくためには、かなりのエネルギーが必要だったのでしょう。野生の場合、巣穴から出てトイレ場所まで行くわけですが、その道中には、それなりの危険があるでしょうし、オシッコやウンコをしている最中も無防備です。さらに帰ってくるときにも危険があります。だから、「トイレに行きたい」と思ったとき、かなりのモチベーションと“やる気”を持って巣穴から出て、また帰ってくる必要があったのでしょう。つまりトイレと“やる気”はセットになっているというわけです。

放し飼いのネコは、ちゃんと“やる気”でトイレに行っているはずです。そうでなければ、真冬の夜中にトイレに出かける気力などないでしょう。でも室内飼いのネコのトイレは安全な家の中にあるのですから、“やる気”のエネルギーを使う必要がありません。でもセットですから、とにかくエネルギーを発散しないと「帳面が消えない」のです。それが、トイレ前後の走り回りだと想像できます。

暮らしの変化とともに変更できることと、どうしても変更できないことが、やっぱりネコにもあるようです。

第3章

心の疑問

ネコの考えていることが知りたい！と思っている人は多いでしょう。ネコの行動は不思議がいっぱいですが、それは人間の視点で見ているからで、ネコの視点からならナットクの行動なのです。それでは、ネコの心理をじっくりと解説しましょう。

21　こちらが思っているほどに思ってくれているのか

イヌは群れ生活を、ネコは単独生活をする動物です。群れ生活とは、リーダーのもとに統制のとれた社会を作って暮らすことです。単独生活とは、ひとりですべてを決めて行動することです。

群れ生活者は生まれつき、「上の者にしたがう気持ち」や「社会の中でがまんや遠慮をする気持ち」、「仲間と協力してなにかをやろうとする気持ち」などを持っています。ひと言でいえば協調性があるのですが、単独生活者にはそれが必要ないわけで、だから先祖代々、そういう気持ちを持っていません。群れ生活者であるイヌが飼い主の命令をきき、飼い主といつもいっしょにいたいと思うのに対し、単独生活者であるネコが自分勝手だといわれるのは、そのせいです。でも、動物としてのそれぞれの生き方ですから、これは仕方のないことです。われわれ人間も群れ生活者でイヌと同じ気持ちを持っていますから、どうしてもネコに違和感を抱いてしまうだけです。

ネコが人に抱いているのは、子ネコとしての気持ちです。飼いネコは一生、子ネコの気分で暮らすのだという話は前にもしました。お腹がすいたときに母ネコに甘える気持ち、遊びたいときに兄弟を求める気持ち、それだけを飼い主に求めるのです。赤ん坊のわがままさとまったく同じです。

私たちは赤ん坊に対して、「こちらが思っているほどに思ってくれているのか」などとは考えません。赤ん坊は無償の愛を求めるものだと誰もが知っているからです。ネコも赤ん坊と同じですから、こちらが思っているほどには思っているはずもありません。ネコは、ひたすらわがままをいい、人はひたすら無償の愛を注ぐのみです。

イヌとネコの気持ち

イヌは群れ生活者、　ネコは単独生活者。

イヌはリーダーである
飼い主の命令をきく。

ネコは子ネコの気分で
甘えるのみ。
ネコと人は無償の愛で
結ばれる。

22 なぜイヌのようにものを覚えないのか

イヌもネコも同じように、いろんなことを覚えます。ただ覚える内容が違うだけです。イヌは、飼い主の命令である「待て」や「こい」を覚えます。また新聞を取ってくることなども覚えます。でもネコは、この手のことは覚えません。単独生活者ゆえに、リーダーにしたがうという発想がないからです。

イヌは、自分のリーダーである飼い主がよろこぶことがしたいと思っています。だから、たとえば新聞を届けたときに飼い主がほめてくれると、「次も同じことをしてほめてもらおう」と思います。悪いことをして叱られると、「次は叱られないようにしよう」と思います。こうして、上手に叱ったりほめたりすることが、イヌのしつけの基本です。そして人は、自分の命令にしたがうことを「もの覚えがよい」と判断するものなのです。

ところがネコは「こい」も「待て」も「お手」もしないのがふつうです。新聞を持ってくるなど死んでもしません。だから「ものを覚えない」といわれるのですが、ネコは飼い主にほめられたいとは思っていませんし、そんなことはどうでもよいことでしかないのです。

ネコが覚えるのは、誰が自分にエサをくれるのか、またはどこに行けばエサにありつけるのか、どこが快適な寝場所でどこが危険な場所なのか、誰が自分に危害を加える可能性があるのかといった、生きるために必要なことがらです。この点については、イヌよりも鋭い記憶力を発揮している可能性大です。

考えてみれば、「リーダーにほめられたい」という気持ちは人間にも共通です。同じ群れ生活者の性として、人の命令にしたがうイヌに私たちはなにかひかれるものがあるのでしょう。

イヌとネコの心理の違い

群れ生活者の心理

よくやった!
ありがとう
ございます!
いい子だな!
よし
よし

リーダーにしたがい、ほめてもらいたいと思っている。

だから、ほめられることをする。それが「覚える」ということ。

単独生活者の心理

クロ〜!
コーん

ほめてもらいたいとは
思わない。自分の
好きなようにやる。
だから なにも覚えない
ようにしか見えない。

ネコはワガママにしか見えない生き物

夕方、帰宅するとネコが玄関まで飛び出してきて、「ニャアニャア」と鳴きながら足にスリスリとまとわりつき、人のあとを必死の形相で追いかけてきては顔をジッと見上げて…。こういうときに人は「留守番が寂しかったんだ」と思うものです。つい抱き上げて「ごめんね、ごめんね、寂しい思いをさせちゃって」とほおずりをしてしまいます。

ところがネコは「抱っこはイヤだ」と抵抗し、かといって下におろすと、またまとわりつき、「いったいなんなの」と思いながらも、取りあえずネコ缶を開けるとネコはバクバクと食べ、食べ終わるとサッサとどこかに行って寝てしまう…。「おいっ！」と思った経験がきっとあることでしょう。

ネコは「寂しかった」というよりも、お腹がすいていたのです。だから「なにかくれ」を連発していただけなのです。お腹が一杯になった途端、「ハイ、ごくろうさん。ワタシャ、もう寝ます」というわけです。人間の社会通念としては、お礼の1つも言ってほしいところですから、「なんてワガママなんだ」ということにしかなりませんが、それがネコというものです。感謝の気持ちを表すことで以後の関係がうまくいくのは、群れ生活者の社会通念。単独生活者の常識は、「自分第一、他者との関係はテイク・アンド・テイク」です。

自分になにか得があるときは人にすり寄り、なんの得もないときは無視。それがネコの信条で、人間社会ではワガママ以外のなにものでもありません。でも、この「アンタはアンタ、ワタシはワタシ」という発想、つねに「わが道をいく」姿勢が、ネコの大きな魅力でもあることは事実です。

ネコと人間の感覚のズレ

ただいまー
ごめ～ん、
さびしかった？
にゃー
にゃー
そうかそうか。
ごめんね。
う～ん！
かわいいやつ♡
ちゅき！
にゃ～
早くごはん
くれ～。
おなかいっぱい♡
さあ、ねるか。
さびしい…
愛はいらないのね…

23 ネコ語はあるのか

動物はそれぞれ、コミュニケーションの手段を持っているものです。音声が手段のこともありますが、大半はしぐさによるものです。"体で表す言葉"という意味でボディランゲージといわれています。

多くの動物に共通するボディランゲージは、恐怖を感じているときに自分の体を実際よりも小さく見せようとすることと、威嚇(いかく)をするときに体を実際より大きく見せようとすることです。たとえばネコが恐怖を感じたときは、うずくまって体を低くし耳も伏せます。実際より小さく見せて「とても小さくて弱いネコです。アナタのほうが強いのは明白。だから攻撃しないで」というメッセージを送っているのです。

反対に威嚇をするときは実際より大きく強そうに見せて「手を出すと痛い目にあうぞ。だから攻撃するな」というメッセージを送ります。ネコが爪先立ちをし、背中を丸くして毛を逆立て、シッポも持ち上げて毛をふくらませるのが、そのしぐさです。私たちはこれを「怒っている」と判断しますが、正確には「それ以上近寄ったら攻撃するぞ」という威嚇です。つまり、それ以上近寄らなければ攻撃はしてきません。けっきょくのところ、恐怖のしぐさも威嚇のしぐさも「攻撃するな」というメッセージなのです。とても弱気になっているか強気でいるかの違いです。弱気の度合いや強気の度合いも同時に伝わり、それによって勝敗が決まります。強気の度合いがほぼ同じとき以外、取っ組み合いのケンカが起きることはありません。

動物は、「できるだけ争いはしたくない」のです。イチイチ闘っていたら死ぬ確率が高くなることを知っているからです。

このように、ボディランゲージで勝敗を決めて争いを避けるのは、動物全般に共通していることです。“命知らずな”ことをやるのは人間だけです。

動物全般に共通するボディランゲージ
弱気
なるべく弱そうに見せて、
「アンタが強いのはわかってる。攻撃しないで」
強気
なるべく強そうに見せて、
「それ以上近寄ったら痛い目にあうぞ。攻撃するな」
「強さの度合い」をアピールして、争いなしで勝負が決まる。
大きく見せる方法は動物によってさまざま。
エリマキトカゲ
首のまわりのヒダを広げる
ヤマアラシ
体の針を立てる。

窮猫は人をかむ

敵に遭遇したネコは、弱気のときも強気のときも「それ以上、近寄らないで。攻撃しないで」というメッセージを送っているわけですが、相手がそのメッセージを無視してさらに近寄ったときは、どちらも攻撃に出ます。最終的に身を守るには攻撃しか方法がないからです。

弱気で体を小さくしていたネコは、恐怖のあまりに決死の覚悟で「敵を迎え撃ち」ます。つまり、うずくまったまま「シャーッ」と必死の威嚇をし、次に爪を出してひっかきます。それでも相手が近寄ったら、もう、やぶれかぶれでかみつきます。「窮鼠猫をかむ」ということわざがありますが、“窮猫”もネコだろうが人だろうがなににだってかみつきます。

強気で威嚇をしていたネコは、「それ以上近寄ったら痛い目にあうと言っただろうがっ！」とばかりに積極的に攻撃に出ます。つまり、その場で敵を“受ける”のではなく、自分から攻撃してくるのです。相手に飛びつき、かみつきネコキックです。

いかにも怖がっているネコも、強そうに見せて威嚇をしているネコも、「内心は怖い」という点においては同じなのです。ただ強気でいるか弱気でいるかによって、恐怖心の表れ方と対処法が違うだけです。考えてみれば、私たち人間も同じです。「攻撃は最大の防御なり」、本当に強くて恐怖心などをみじんも感じていない人は、相手を攻撃したりはしないものです。

隅にうずくまって“怖がっている”ノラネコを保護するとき、人は「だいじょうぶよ～」と手を出しがちです。怖がっているのだから攻撃してくるはずがないと思うのでしょうが、まちがいです。決死の攻撃に出る可能性大だということを忘れてはいけません。

ネコの気持ち

小さくなっているネコは恐怖心が強い。

かわいそうに。
保護しなくちゃ

ものすご～く弱気のネコだと反撃の気がないこともある。
カチン
コチン
さあおいでー
もう少し強気のネコは決死の覚悟で反撃に出る。
ギャー
くるな！
さらに強気のネコは威嚇する。
それ以上近寄ったらやっつけてやる。
フー
わ！
ものすご～く強気のネコは、
プイ
アラ？
なにも動じない。

column

ネコのボディランゲージのいろいろ

お、君がうわさの
ネコくんか。
じっ
どうぞー
あがってー
誰？

親しくない相手の目をジッと見つめるのは敵意の表れ。ケンカをふっかけているのと同じこと。飼い主が叱ってにらみつけるとネコは目をそらす。「ワタシに敵意はありません」の意味。

ちょっとしたあいさつ。「なんかオイシイもの、食べてきた？」と情報交換。鼻と鼻をくっつけているように見えるが、実はたがいに相手の口のニオイをかいでいる。飼い主に対してもやる。

フン
フン
フン
フン

カプ〜♡

微妙な感情はシッポに表れる。激しく振っているときは強い感情。ゆっくり動かしているときは、ゆるやかな感情。すべての感情がシッポに表れるといっていい。

瞳に表れる感情もある

瞳孔（どうこう）が、明るさと関係なく大きくなるときがある。
感情がたかぶったときに大きくなる。

ネコの瞳孔が大きくなったり小さくなったりする。すごくうれしいとき。

なれていないネコの目を見ると、瞳孔が大きくなる。「怖い」と思っているとき。

飛びかかろうとする瞬間、瞳孔が大きくなる。「いまだ！」と思っているとき。

24 「ネコは家につく」のはなぜか

昔から「イヌは人につく。ネコは家につく」といわれます。イヌは飼い主が引っ越してもよろこんでついてくるが、ネコは前の家に帰ってしまうという意味です。

群れ生活をするイヌは、飼い主を自分の群れのリーダーだと思い、家族を群れのメンバーだと思っています。家族を守ることを使命だと思っていますから、番犬にもなります。そして家族といっしょにいるのがいちばん幸せだと思っていますから、家族といっしょならどこへでも行きます。だから「人につく」といわれるのです。

一方、「ネコは家につく」については、昔はそうだったけれど現代は違うというべきです。昔のネコは、家の中や家の周りでネズミを捕って食べていました。完璧な肉食動物であるネコは、飼い主がくれる残飯では栄養が足らず、だから狩りをして自活していたといえます。人々は、ネコがネズミ退治をしてくれることをありがたく思っていました。ネズミ退治を期待するからこそ、ネコは長い間、放し飼いがふつうとされてきたのでしょう。

そんなネコたちにとって、家の周りはたいせつな猟場です。もし家人が近くの家に引っ越しをしたとしたら、ネコは獲物が確実にとれ、かつ自分のなわばりであるもとの猟場に戻って行ったに違いありません。飼い主がエサをくれるのではなく、家の周りがエサを供給してくれていたからです。それが「ネコは家につく」といわれたゆえんです。

また、もとの家には帰れないような遠くに引っ越しをした場合、ネコは新たに自分のなわばりを作らなければなりません。それは獲物のいる場所でなければならず、新しい家の周りとはかぎらなかったことでしょう。すると獲物のいるなわばりを求めて、どこかへ行ってしまうこともあったはずです。そういうとき人々は、「もとの家に帰っていった」と思ったのでしょう。いずれにしろ「ネコが家についた」のは、ネコがネズミを捕って自活していた時代の話です。

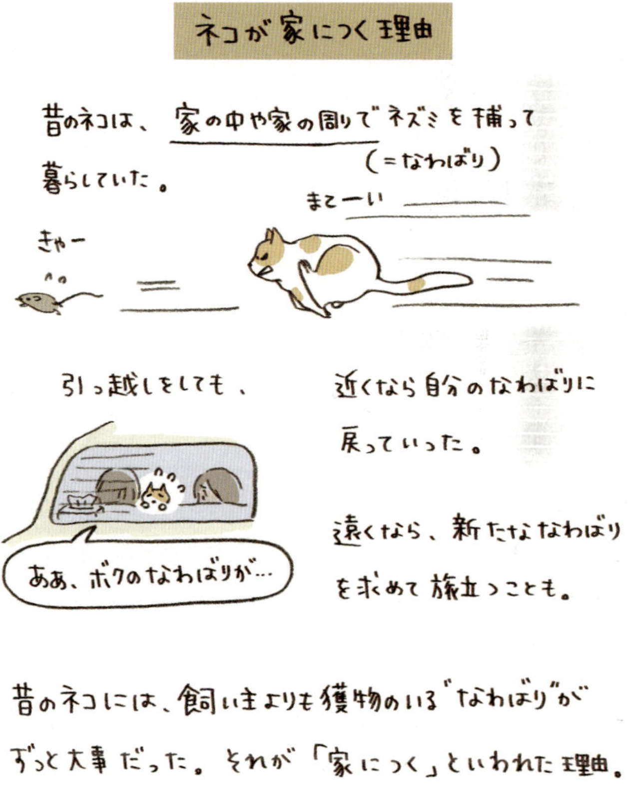
ネコが家につく理由
昔のネコは、家の中や家の周りでネズミを捕って
（＝なわばり）
暮らしていた。
まてーい
きゃー
引っ越しをしても、
ああ、ボクのなわばりが…
近くなら自分のなわばりに戻っていった。
遠くなら、新たななわばりを求めて旅立つことも。
昔のネコには、飼い主よりも獲物のいる"なわばり"がずっと大事だった。それが「家につく」といわれた理由。

現代は「イヌもネコも人につく」

昭和40年代以降、ペットフードが急速に普及してネコにはキャットフードを与えることが一般化しました。そして栄養バランスのよいキャットフードを十分に与えられるようになったネコたちは、自分で狩りをする必要がなくなりました。室内飼いが可能になったのも、キャットフードが発達し普及したおかげです。

いま、飼いネコたちは、食事のすべてを飼い主に頼っています。お腹がすけば、飼い主にむかって「ニャー」と鳴けばよいだけです。逆にいえば、飼い主がいなければ食事にありつけないわけです。現代のネコにとってたいせつなのは、獲物がいる猟場ではなく、キャットフードを出してくれる飼い主なのです。飼い主の存在こそがたいせつなのです。だから飼い主が引っ越すときに、もとの家に残る理由などありません。というより、飼い主といっしょに引っ越すことが必要なのです。

「ネコは家につく」というから、いっしょに引っ越しはできないのではないかという人がいますが、まったく心配はいりません。現代は「イヌもネコも人につく」のです。ネコは家につくのだからとネコだけを置いていったりしたら、ネコは路頭に迷うだけです。それは飼い主の責任放棄であり虐待です。

ただし同じ「人につく」でも、イヌとネコとでは若干、違います。イヌはあくまでリーダーにしたがい家族とともにいるために「人につき」、ネコは食糧を確保するために「人につく」のです。ネコはなわばりをたいせつにする動物で、なわばりとはエサと安全を確保できるスペースのことです。キャットフードを用意してくれる飼い主のいるスペースが、ネコにとってのたいせつななわばりということなのでしょう。

現代のネコは人につく

現代のネコは、食糧のすべてを飼い主に頼っている。

いただきます♪
めしあがれ

ホ
キチン

飼い主とともに引越しをしなくては食糧が確保できない。

だから現代のネコは「人につく」

エサを用意してくれる飼い主のいるスペースが自分のなわばりってことネ。

25 ネズミや小鳥を持って帰るのはおみやげなのか

ネコの狩猟本能は、生まれつき持っているものですから、止めさせることはできません。獲物を見ると、どうしても捕まえたくなります。本能とは、その動物の生存を可能にさせることに根ざしたもので、かつ満たされると“快感”があるものです。快感は、それをやらせるための“ごほうび”なのです。たとえば、お腹がすいたときなにかを食べることは快感です。快感があるからこそ、食べたいと思うわけです。食事が不快感とセットだったら、誰も食べようとは思いません。同じようにネコは獲物を捕まえること自体に快感があるのです。だから止められないのです。

放し飼いのネコが外で獲物に出会ったら、空腹でなくても、とにかく狩りをしてしまいます。獲物を見ると、狩猟本能のスイッチが入ってしまうからです。ただし狩りに成功したとしても、家で十分なエサをもらっているネコには、次の「食べよう」というスイッチが入りません。すると「安全なところに隠しておこう」というスイッチが入ります。飼いネコにとってのいちばん安全なところは家ですから、持って帰ってきますが、家についたころには「安全なところに隠しておこう」という本能も満たされて、さらに飼い主の顔を見ると「隠しておこう」と思ったことも忘れてしまい、だからポトンと落とすのです。すると飼い主の前に置いたように見えるだけで、飼い主へのおみやげなどではけっしてありません。

その証拠に、飼い主が取りあげようとすると必死で抵抗します。取られそうになると、自分の獲物だという本能がまた目覚めるのです。飼いネコは、本能のスイッチが入っても、途中で切れてしまい正しく完結しないという状況にあるといえます。

ネコが獲物を持って帰る理由

ネコは獲物を見ると狩猟本能のスイッチが入る。

つかまえた!

野生なら次に
「食べよう」という
スイッチが入る。

でも十分なエサをもらっているネコは
「食べよう」スイッチが入らない。すると、

さあっ
安全な場所に隠そう!

というスイッチが入る。

安全な家に持ち帰るが、これと
いった目的はない。

キャー
ネズミのおみやげなんていらな〜い
?
おみやげ?

ネコには
そんな意識はないのだ。

なぜかネコは小鳥を無傷で持ち帰る

初夏の、小鳥が巣立ちの時期を迎えたころ、ネコが小鳥を持って帰ってくることがあります。巣立ち直後の、まだうまく飛べない小鳥を捕まえてくるのです。

多くの場合、小鳥はグッタリしているだけで無傷です。そしてネコは、動かない小鳥に興味を失い、放ったらかしにします。でも小鳥が息を吹き返して動きはじめると、また狩猟本能が目覚めて捕まえます。そんなことを繰り返しているうちに、小鳥は死んでしまいます。飼いネコは、捕えた小鳥を食べることは、まずありませんから、これは本能とはいえむだな殺生というべきです。無傷なうちにネコから取りあげ、なんとか無事に空に帰してあげるのが、飼い主の義務といえるでしょう。

小鳥を捕ってくる可能性があると思ったら、部屋に大きめの観葉植物を置いておくのがよい方法です。小鳥の逃げ場を作るわけです。小鳥が葉の茂みに逃げ込んだら、ネコよりも先に小鳥を捕まえて、風呂場などに避難します。ネコは「返せ、返せ」としつこく追ってきますから、ドアをしめて隔離します。

念のため、小鳥の体をよく調べてください。羽が大量に抜けていれば別ですが、そうでなければ、しばらく安静にして元気になったところで放してください。ケガをしている場合は、病院に連れて行きます。ケガをしていなくても羽が大量に抜けている場合は、うまく飛ぶことができませんから、しばらく保護する必要があります。鳥にくわしい人や動物病院に相談するとよいでしょう。

むだな殺生をさせないためにも、ネコは室内飼いにしたいものです。21世紀のネコの飼い方、それは室内飼いです。放し飼いはもう古いというべきです。

ネコが捕まえた小鳥が無傷だったときの対処法

ネコが小鳥を持って
帰ったとき、小鳥は
無傷なことが多い。

早期に取りあげれば
助けられる。
風呂場などに隔離して
ようすをみよう。

だいじょうぶか、鳥？
ガリ
ガリ
返せー オレの鳥ー

パタパタ

ごめんな。
チェ

元気になったら
放してあげよう。
むだな殺生は
させるべからず。

26 ネコは親子や兄弟であることを認識しているのか

「親子や兄弟であることを認識する」ということは、「血縁であることを認識する」ということです。血縁であることを認識するということは、父親と交尾をした母親から自分や兄弟が生まれたということを認識するということで、それはネコにはムリでしょう。おそらく、人間の大人以外には認識できないことではないでしょうか。

ネコは生まれたとき、ひたすら庇護（ひご）を求めるだけです。それが母ネコであろうと人間であろうと、そばにいる暖かい存在に庇護とミルクを求めるだけです。野生の場合、庇護を与えてくれるのはまちがいなく母ネコです。もし母ネコが死んでしまい、人が子ネコを保護したとしたら、子ネコはなんの疑いもなく人間に庇護を求めます。子ネコにとっては、とにかく頼れる存在が必要だというだけです。

一方、出産した母ネコは、ホルモンの影響で“母性本能”がかきたてられ、一生懸命に子ネコたちの世話をします。「なん匹生まれた」という意識はありませんから、というより正確な数を数えることはできませんから、同じニオイさえすれば、よその子であろうと分け隔てなくめんどうをみます。そこには「守ってほしい」と望む“子ネコ”と「守ってやりたい」と思う“母ネコ”がいるだけで、血縁など関係ありません。

さらに子ネコは、自分といっしょに育つ兄弟たちを“安心できる仲間”と認識しているだけで、やはり血縁は関係ありません。子ネコのときからいっしょにいれば“兄弟”と同じです。動物の世界では、「親子のように暮らせば親子」、「兄弟のように暮らせば兄弟」

であることにまちがいないのです。

では、何年も別れていたあとで出会ったとき、親子や兄弟同士であることを覚えているかですが、ネコは覚えていません。単独生活者であるネコは、なれ親しんだニオイがするか見知らぬニオイがするかのみで親和性を判断するのです。その点、イヌは"昔ともに暮らした仲間"であることをずっと記憶しています。相手が本来持つニオイそのものを覚えているからで、それは群れ生活者ゆえの能力です。

ネコの家族観
動物に血縁とか親族という発想はない。
誰の子だろうと、
親子のように暮らせば 親子。
兄弟のように暮らせば 兄弟。
犬?!
ずっといっしょに暮らせば家族。

生後2週から7週の間に“仲間”を認識する

子ネコは生後約1週間で目が開き、次いで耳の穴も開きます。耳は、耳の穴が開いたときから聞こえますが、目は開いても最初は明暗がわかる程度です。生後2週間目くらいからものが見えるようになり、このときから自分の周りの世界を認識し始めます。以後、生後約7週までの間に、自分の住む環境というものを認識します。その“環境”には「自分の仲間」についての認識も含まれます。この生後2〜7週の時期を子ネコの社会化期と呼んでいます。

子ネコは、社会化期に接触し触れ合った動物を自分の仲間とみなすのです。よくイヌや小鳥、ハムスターなどと仲良しのネコがいますが、社会化期からそれらの動物といっしょに暮らしている、またはいっしょに暮らした経験があるということなのです。

ネコが人になれるのも、社会化期から人と接しているからです。社会化期にネコと人に接していれば、ネコと人に親和性を持ち、社会化期にネコと人とイヌと暮らしていれば、ネコと人とイヌと仲良く暮らせるのです。逆に、目が開く前に1匹だけで保護されたネコは、人には親和性を持つものの、ほかのネコとは仲良くできないものです。

もし生粋のノラネコが、大人になるまで一度も人と接した経験がなかったとしたら、人と深い絆を結ぶことはできません。飼われても人を「エサをくれる危険ではない存在」くらいにしか思わず、つねに距離を保ったクールな関係しか結べません。「ノラネコの子を保護するなら、なるべく早い時期に」というのは、社会化期のうちに保護しないと、人と仲良く暮らすことができないからという意味です。

ネコが仲間を認識する時期

子ネコは生後2〜7週の社会化期に"自分の仲間"を認識する。

その間に人との接触がないと、人に対して距離をおくネコになる。

よし
よし
だっこ
だっこ

社会化期に人と接するから、人に甘えるネコになる。

グチュグチュ
ピー♪
ピ♪
ピピ♪
ピーヨ♪

多種の動物と接していると、ずっと仲良しで暮らす。

27 ネコにもライバル意識はあるのか

ライバル意識とは、「他の者より上位にいたい」という競争意識です。そして競争意識とは群れ社会特有のものです。他の者より優位に立つことで、群れの中の自分の生存をより有利にしたいという意識なのです。

私たち人間はイヌと同じく群れ生活者で、群れ生活とは上下関係の秩序の中で生きることです。もし上下関係の秩序がなかったら、争いばかりで社会は混乱するだけです。群れの下位のメンバーは上位のものに遠慮したり、なにかをがまんしたりしなければなりません。だから、チャンスがあれば他のものよりも上位に立って自分の生存を有利にしたいと内心、思います。それがライバル意識です。人間もイヌも、多かれ少なかれライバル意識を持っています。嫉妬や優越感、劣等感なども、群れ生活者としての心理です。

ところがネコは単独生活者ですから、群れの中の順位というものとは無縁です。子ネコのときは母ネコや兄弟ネコとともに“群れ”生活をしますが、あくまで赤ん坊の立場からみた親子関係や兄弟関係で、大人社会の上下関係ではありません。だから、人間やイヌのようなライバル意識はないと考えるべきです。同様に、嫉妬心や優越感、劣等感も感じないと考えてよいでしょう。

イヌを飼うとき、飼い主がリーダーであることを明確にしないとイヌの方が上位に立ってしまうという「権勢症候群」は、イヌが飼い主をライバル視するからです。その点、ネコにはそんな心配は無用です。どんなに甘やかして育てようと、ネコは赤ん坊気分で飼い主に甘えてワガママをいうだけです。そのワガママを楽しんでまったくかまわないというペットです。

ライバル意識とは群れの動物特有の気持ち

ペコ
ペコ
くそ！出世して見返してやる！
エサはオレの。
いつかオマエより強くなってやる！

ライバル意識とは群れ社会の順位に対する不満。
もっと上位に立ちたいという欲求から生まれるもの。

ママー
ライバルってなに？
それー
あ、虫だ。

単独生活者のネコにライバル意識はない。
社会の上下関係とは無関係。

兄弟間の力関係は成長の差

子ネコはふつう3～5匹がいっしょに生まれ、生まれるとすぐ、母ネコのオッパイに吸いつきます。母ネコの乳首はふつう4対（8コ）ありますが、場所によって“出”が違います。うしろあしに近い乳首ほど、たくさんミルクが出るのです。子ネコたちは“出”のよい乳首に吸いつこうとします。でも生まれた時点で子ネコたちの大きさや力に差がありますから、けっきょく、大きくて力の強い子ネコがいちばん“出”のよい乳首を獲得します。そうやって生まれて数日のうちに、子ネコたちそれぞれの専用乳首が決まります。子ネコの世界の力関係は成長の差なのです。

大きくて力の強い子ネコが“出”のよい乳首を占有するのですから、成長とともにさらに力の差は大きくなります。そして離乳して巣箱から出るようになると、いちばん大きな子ネコが率先して行動するようになります。一見、リーダー格のように見えますが、たんに成長が早いせいで“言い出しっぺ”になっているだけです。ほかの子ネコは“言い出しっぺ”につるんで行動しているのです。子ネコに“つるみ癖”があることは前にも述べたとおりですが、つるんで全員で行動することで、1匹だけでは怖くてできないことも「みんなでやれば怖くない」の心境でできます。そして、それが子ネコたちの世界を広げていくのです。

複数のネコを飼っていると、大人になっても子ネコ時代と同じような力関係が生じます。いってみれば、より乱暴なネコほど好き勝手に行動し、おとなしいネコがそれを許します。また、力関係は日によって、またはケースバイケースで変わったりもします。ネコの世界は、順位とか秩序とは関係なく、それぞれが気ままに、その日の気分でやっているといったところです。

兄弟間の力関係

ネコの兄弟には生まれたときから大きさに差がある。
大きな子のほうが力が強い。

少
多
ミルク量
小
大
子ネコの大きさ

ミルクの"出"のよい、うしろあしに近い乳首を、
大きい子ネコが占有する。

リーダーではなく
言い出しっぺ

成長の早い子ネコが率先して行動。
ネコの力関係は成長の差。

28 イヌのように一家の主人を理解するのか

もう、おわかりでしょう。単独生活者のネコにリーダーという発想はありませんから、一家の主人など理解しません。家の中で誰が権力を持っているかなど、ネコにとってはどうでもよいことなのです。ネコにとってたいせつなのは、誰が自分に快適さを与えてくれるかということだけです。

ネコは家族のメンバーそれぞれを、自分の都合によって上手に使い分けているといって過言ではありません。お腹がすいたとき誰に甘えれば食事が出てくるのか、誰のヒザの上が快適な昼寝と愛撫をくれるのか、夜は誰の布団に入ればグッスリと寝ることができるのか、遊びたいときは誰をさそえばよいのかを知っていて、自分の必要に応じて必要な人のところへ行くのです。

イヌにとっては尊敬の的であるはずの一家の主は、ネコにとってなんの役にも立たないことが、ほとんどです。エサを用意してくれるわけでもなく、遊んでくれるわけでもなく、ヒザの上は寝心地が悪く、布団の中でネコのために寝場所を譲ってくれたりはしないのがふつうだからです。ようするに、ネコにとって必要なものを提供してくれることはないのが一般的で、だからネコにはどうでもよい存在なのです。極端にいえば、「自分のじゃまさえしなければ家にいてもかまわない」くらいにしか思っていないと思います。ネコとは、そういう生きものなのです。

もし一家の主人がネコに好かれたいと思うなら、いつもエサを用意し、暇さえあればネコにヒザを提供し、ネコの嫌がることをせず、ネコに布団をゆずることです。かつ絶対にネコをどなったりしなければ、必要な存在として認めるでしょう。

ネコが好きな人

ネコが好きな人とは…

食事を用意してくれる人
ママ
お食べ
好き!
快適な昼寝場所を提供してくれる人
妹
ひざのっていいよ～
好き!
遊び相手になれる人
こいこーい
弟
好き!
布団をとっても怒らない人
おいで
兄
好き!

つまり、自分に都合のよい人が好き。

パパ
パパがいない!

ネコ好きでもネコに嫌われる人はいる

「ネコ好きはネコが知る」という言葉があります。初めて会った人がネコ好きであるかどうかをネコは瞬時にして見抜き、ネコ好きにはすぐになつくという意味です。ネコ好きほど、この言葉を信じているようですが、実際にはそうともかぎりません。ネコ好きなのにネコに嫌われる人もいるのです。

原因は、「ネコ大好き！」と思うあまり、一気にネコに近づいてしまうことです。この“勢い”をネコは殺気として受け取ります。まして、「かわいい〜！」とネコの目をジッと見つめギンギンの迫力で近寄れば、ネコはケンカをふっかけられているとしか思いませんから、逃げ出して当然です。

ネコが殺気を感じないのは、ゆっくりとした動きをする人で、かつ自分に関心を示さない人です。そういう人なら、初めて会った人のそばでもリラックスしています。ようするに、空気のような存在の人なら、なんの不安も感じずにいられるのです。大急ぎでキビキビとした動きで部屋に入ってくる客人には、恐怖心を感じるものです。

さて、ネコ好きであることがネコにはわからないことはあっても、ネコが嫌いだと思っている人、特にネコを怖いと思っている人のことは、すぐわかります。そういう人は、“嫌悪感物質”または“恐怖物質”ともいうべきものを発散するからです。人間にはわかりませんが、ネコは動物としての第六感として感知します。敵意や恐怖を感じている“動物”はいつ身を守るために攻撃をしてくるかわかりませんから、ネコは「危険だ」と思い、「早いとこ逃げておこう」と思います。正しくは「ネコ嫌いはネコが知る」というべきです。

ネコ好きはネコが知る？

ネコ好きでも ネコに嫌われることがある。

そのギンギンのエネルギーを殺気だと思う。

はたまた、

ネコ嫌いは ネコもビビる。

人が出す"恐怖物質"を感知している。

29 ゴハンに砂かけのようなことをするのはなぜか

ネコ缶を開けて食器に移し、「さぁ、お食べ」と出すと、ネコがちょっとニオイをかいだだけで食べず、床をカリカリとかいて、まるで砂をかけるようなしぐさをすることがあります。

多くの飼い主はこれを「こんなもの、食えるか」のアピールだと思います。だから、「じゃぁ、これなら食べる？」ともっと高い缶詰を開け、それでも食べないと、さらにもっと高い缶詰を開けるのです。ネコの飼い主とは、なぜかネコのワガママに迎合してしまうものです。

とっておきの高い缶詰を開けるとネコが食べるから、またヤッカイです。「これなら食えるわ」ということだと飼い主は思います。そして、食べてくれたことをよろこんでしまいます。飼い主とは、ペットがエサを食べてくれることに最大のよろこびと安心を感じるものなのです。

でも本当は、ネコはたんに食欲がなかっただけなのです。ネコは“むら食い”をする動物で、健康であっても食欲旺盛な日や食欲のない日があるのです。そして食欲のないときにエサを見ると、「取りあえず隠しておこう」と思います。野生時代、周りにある草や砂などをかけて隠していた習性から、カリカリと埋めるようなしぐさをするのです。たとえ、かけるものがなにもなくても、しぐさだけするのです。もし近くに雑巾などがあったら、みごとに食器の上にかぶせます。

高い缶詰を開けると食べるのは、「食欲がなくても目先が変われば食べる」だけです。お腹が一杯でもケーキなら食べるという人間の心境と同じです。

「ゴハンに砂かけ」は、ネコが元気なら気にすることはありません。なまじ高い缶詰を開けると、ネコの口がおごっていくだけ。「食べたくないの、あ、そう」と、食器を片づけてしまってかまいません。ネコはむら食いをするものだと思って、強烈なゴハン催促がくるまで待ちましょう。そうすれば、気持ちいいほど一気にペロッと食べてくれます。

ゴハンに砂をかけるようなしぐさの理由
ネコは「ゴハンに砂かけ」をすることがある。
カリ
カリ
カリ
それじゃ
イヤなの？
あきちゃったのかな？
？
ネコはたんに食欲がないだけ。砂かけは野生の名残。
フンフン
フンフン！
なにこれ
おいしそう。
高い缶詰を開けると
食べるのは、「お腹が
一杯でもケーキなら食べる」
のと同じ心理。
ムリに食べさせる
ことはない。

放浪を続けたネコは食いだめをする

捨てられて、放浪を続けていたネコを保護したとします。そういうネコは、驚くほど食べ続けます。出されたものはペロッとたいらげ、それでも「もっとくれ」と言い、いくらでも食べてしまいます。人の顔を見るたびに「なにかくれるの？」という顔をし、人がなにか食べていると飛んできて「くれ」と言いますから、家族は家で食事ができないほどです。

かわいそうに、ずっと飢えていたせいで「食べられるときに食べておかなくては」という心理状態にあるのです。野生のネコは、毎日確実に狩りが成功するわけではありませんから、食べられるときに食いだめをします。実際、大量に食べることができます。それと同じことが起きているのです。生きのびるために、野生の心理が顔を出したといえるでしょう。

食べること自体においては野生に戻っているというのに、エサを得る方法については、自分を捨てた“動物”である“人”に頼るしかないのかと思うと、かわいそうでなりません。また裏切られても、それでも人を信頼しようとするネコが、いじらしくてなりません。夢中で食べ続ける姿に、「食べたいだけ、いくらでもお食べ」と心から思わずにはいられません。

ただし、放浪で体が弱っている場合の食べ過ぎは危険ですから注意しなくてはなりません。下痢をしないよう注意をしつつ、イザとなったら病院に連れていく覚悟で「食べられるときに食べておこう」という心理を満足させ続けます。すると1〜2週間後には、前ページのような「砂かけネコ」に戻ります。「食べたければ、いつでも食べられる」という飼いネコ心理の「ワガママむら食いネコ」に戻ります。

ネコのむら食い

毎日、十分なエサをもらっているネコは、むら食いをする。

それが砂かけ。

カリカリカリ

いつでも食べられる

という心理。

空腹をかかえて放浪を続けていたネコは食いだめをする。

バク
バク
バク

食べられるときに
食べておかなくては！

という心理。

こんな話がある

やせたノラネコにエサをあげたら
涙を流しながら食べた。

ポロ
ポロ
NO
感謝の涙
なのね…

それは鼻涙管がつまっていて
かむと涙が逆流するせい。
早く病院へ連れていって！

30 ネコがものをひっぱたくことがあるのはなぜ

部屋の中のいつもの通り道に、見なれないものが置いてある。ふだん、ここにこんなものはない。「なんだ、こりゃ？」とネコが思ったときの行動です。部屋の真ん中に掃除機が置いてあったり、テレビのリモコンが落ちていたりしたときに起きます。

「怖いというほどでもない、かといって無視するには気にかかる。確かめてみたいが不安がないわけでもない」というとき、ネコはまず首だけをのばしてものに近づき、あっちからこっちからとながめます。「まだなんだかわからん」となると今度は、腰はもとの位置のままで上半身だけをのばし、片手を恐る恐るのばしてものをバシッとたたきます。たたくのと同時に手ははねあげて顔のあたりで制止です。加えてアゴを引き、目はシバシバとさせています。「ちょっとだけ攻撃してみよう」がバシッで、「反撃がくるかも」の緊張が、手の制止とアゴひきと目シバシバなのです。

当然ながら“敵”は微動だにしません。するとネコは「もう少し攻撃してみるか」と今度は、バシバシッとたたきます。たたいたあとは、やはり「招きネコ」状態の、アゴを引いて目をシバシバ。それでも“敵”はジッとしたまま、あたり前ですが、うんともすんともいいません。すると今度はバシバシバシッ…、バシバシッです。

ここでなにも起きないと、何事もなかったかのように去って行き、見ている人間は死ぬほど笑えます。野生時代、こうやって“敵”をむりやり動かし、動いたところで、獲物かどうかを判断していたのでしょう。動物本来の行動は、野生の中ならはっきりとした意味がありますが、人間社会の家庭の中だと意味不明であることも多いのです。

ネコが突然ものをひっぱたくときの心理

たとえば部屋に掃除機が。

なんだこりゃ
?
?
おそるおそる
エイ!
バシッ
しーん
… 反応なし。
でも怖い。
招きネコのポーズ…
バシ
バシッ
掃除機だってば
もっと攻撃してみよう。
そっと… そっと!
バシッ

column

なぜネコはマタタビが好きなのか

マタタビに含まれるネペタラクトーンという物質に反応しているのですが、なぜ反応するのか、またなんの役に立っているのかなど、くわしいことはわかっていません。ネコだけでなく、ほかのネコ科動物も反応します。

マタタビのニオイをかいだネコは興奮状態になり、寝ころがって体をコネコネします。ふだんのコネコネとは明らかに違う動きで、俗に“マタタビダンス”といわれています。“酔っぱらったような”状態ともいえます。ヨダレを垂らすこともあります。

マタタビダンスは5分もすると終わってしまい、あとはケロッとしています。アルコールや麻薬のように中毒になることもなく体には無害です。また、子ネコはマタタビに反応しません。大人のネコでも反応するのは約半分。まったく反応しないネコもいます。

ネコにマタタビ
アヘー
ゴロゴロ
くね
くね
スリスリ
マタタビダンス♪
ペットショップには
粉、実、木といろいろ
なタイプのマタタビがある。

第4章

飼育の疑問

ネコを飼っていると、困ったり悩んだり、疑問に思ったりすることが多いことでしょう。しかし、ネコ本来の習性を知れば、答えはおのずと出てきます。ネコを室内飼いにするのはかわいそうかな？と思ったあなた。本章を読んでその答えを見つけてください。

31 いつから人間が飼うようになったのか

人類がネコを飼い始めたのは、約5千年前の古代エジプトです。野生のリビアヤマネコが、穀物倉庫で繁殖するネズミを食べるために住みついたのが、家畜化の始まりだと考えられています。リビアヤマネコは現在も、アフリカ大陸やアラビア半島に住んでいる野生動物です。

人々は、リビアヤマネコを追い払いませんでした。穀物を食い荒らすネズミを退治してくれるのですから大助かり。さらにリビアヤマネコは、現在のネコと同じくらいの大きさですから、いても怖くなかったからでしょう。もし、いついたのがチーターだったら、きっと人々は追っ払うことを考えたはずです。あんな大きな動物が近くをうろついたら怖いからです。

人とリビアヤマネコは何千年もの間、「近くにいてもかまわない。そのかわりネズミを退治してね」という形の共存生活を続けていました。その中で女性や子供たちは、親と死に別れた子ネコや傷ついた子ネコのめんどうをみたに違いありません。ペットだったと考えられます。そして、そういう子ネコは成長したとき、さらに人家近くで暮らし始めたのでしょう。そして、そういうネコ同士が交尾をして繁殖を続けた結果、リビアヤマネコの姿形はだんだんと変化していきました。それが家畜化です。ネズミ退治を認められて家畜化された動物、それがネコなのです。

リビアヤマネコは、現在のアビシニアンに似た毛色をしていますが、家畜化されたネコたちの毛色はシマ模様であったりブチであったりとさまざまです。野生動物は家畜化されると、さまざまな毛色に変化するのです。

ネコの家畜化の歴史

古代エジプトの穀倉地帯。穀物倉庫はネズミでいっぱい。

また
やられた…
ネズミをなんとか
しないとな…。

そのネズミを食べようと
リビアヤマネコが
住みついて…

うひょー
すばらしい!
どんどん食べてくれ。

長い共存生活の中で
人に飼われるようになった。

いまのネコの原点は、

リビアヤマネコの形態が家畜化の過程で変化したもの。

ネコはエジプトから世界中に運ばれた

古代エジプトでネコは、太陽神ラーの化身として、または受胎と豊穣の女神バステトとして崇められ、人々にたいせつにされていました。国外への持ち出しは禁止されていたとされています。

ところが紀元前後ごろから、貿易商人たちが船にネコを乗せ始めました。積み荷をネズミの被害から守るためです。おそらく、コッソリだったのでしょう。でも商人にとってネズミの被害は死活問題ですから、そのくらいやっただろうと思います。そしてネコは、世界中へと運ばれていったのです。

運ばれた先でネコは、近縁種であるヨーロッパヤマネコやジャングルキャットと交配し、さらに形態を変えていったと考えられます。加えて、運ばれた先の気候によっても形態は変化しました。たとえば寒い国に運ばれたネコは、寒さに強いものしか生き残れず、生き残ったもの同士で繁殖を続けた結果、だんだんと体が大きく、毛は長く密になりました。体が大きいほうが寒さには強いのです。反対に蒸し暑い国に運ばれたネコは毛が短く足は長くスリムな体型に変わっていきました。スリムで足の長い体型ほど、体の表面積が体重の割に広くなるので熱を発散しやすくなり、暑さに対応できるのです。気候に適応するために、進化したというわけです。

日本には大陸からの仏教伝来にともない、仏典といっしょに船に乗せられてやってきました。やはり仏典をネズミから守るためでした。ネコは「ネズミ退治」を期待されて世界中に広がり、その土地その土地で特有の形態に変わったのです。それらが現在の品種のもとになっています。品種改良によって、さらにさまざまな形態が生まれ、現在40種ほどの品種があります。

神様だったネコは世界に運ばれた

古代エジプトで、ネコは
神様だった。

国外持ち出しは禁止！

でも、貿易商人が
船に乗せて持ち出した。

だってネズミ退治はネコがいちばん！

寒い国に行ったネコは大型に、熱い国に行ったネコはスリムに
こうしてできたさまざまな形態が現存の品種のもとになった。

37 抜け毛のよい処理法を知りたい

ネコの毛は1年中、少しずつ抜け替わっていますが、春と秋にはいっせいにすべてが抜け替わります。換毛期といいます。特に大量の毛が抜けるのが、春の換毛期です。ハンパではない量の毛が抜けます。その多くは、フワフワの綿毛です。

秋の換毛期、毛が抜け替わるとともにフワフワの綿毛が大量に生えて冬の寒さにそなえます。冬毛といいます。そして春の換毛期に、そのフワフワの綿毛のほとんどが抜け落ちて夏毛に替わります。冬用の綿毛が抜け落ちる分、春の換毛期の抜け毛の量は多いのです。

春の換毛期、放っておくと家中が毛だらけになります。人の服も布団もソファーも毛だらけになり、ネコが体をかくと、まるで煙のように抜け毛が舞い上がります。なんとかしないと、とても快適な暮らしは望めません。

いちばんの方法は、毎日こまめにネコの体をブラッシングすることです。毛が抜け落ちる前に取ってしまえば散らからないという道理です。最低でも朝晩2回のブラッシングをしてください。

掃除用の回転式粘着テープを、あちこちに置いておき、こまめに掃除をするのも方法です。ネコのベッドには毛のつきやすい布を敷き、人が座るソファーや座布団などには毛のつきにくい布のカバーをつけるのもよいでしょう。換毛期の時期、人は毛のつきにくい素材の服を着て、洗濯機には少量の洗濯物を入れて洗います。大量に入れると毛は服にくっついたままで取れません。

あとは毎日、掃除機をかけることです。抜け毛の最大の処理法とは「掃除好きになること」、これにつきます。

ネコの抜け毛

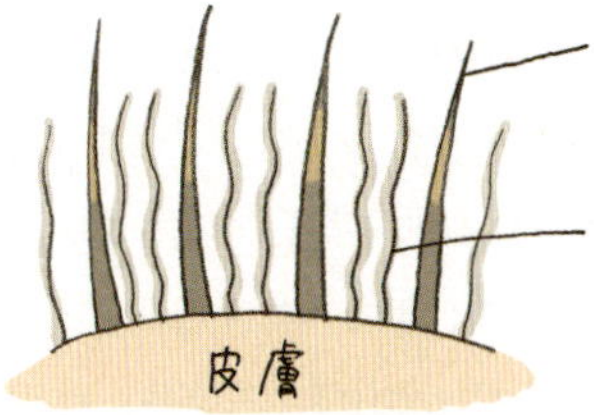
外から見えている毛
毛をかき分けると見える、綿毛。
皮膚

秋、綿毛が大量に生えて
冬にそなえる。
冬毛のネコはふっくら。

ぷく
ぷく

春、大量の綿毛が抜ける。
夏毛のネコはほっそり。

やせたんじゃないわよ。
ごそっと
抜け毛

対策は

こまめなブラッシング。

こまめな掃除。

ゴー
ゴー

これしかない！

換毛期のネコは毛玉を吐く

ネコはしょっちゅう体をなめますが、なめたとき舌にひっかかった抜け毛を飲み込んでいます。ふだん、その毛はウンコといっしょに出ているのですが、換毛期には、すべてが出てくれなくなります。残りは胃の中にたまって固まり、毛玉になってしまいます。

その毛玉をネコは、ときどき吐き出します。換毛期にネコがよく吐くことがあるのは、そのせいです。さっき食べたゴハンといっしょに吐くことがあるのでヤッカイですが、それはさておき、吐いたものをよく見ると、ゼリービーンズのような形に固まった毛玉が混じっています。毛玉を吐くのは換毛期だけとはかぎりませんが、春の換毛期には吐く回数が圧倒的に増えます。

この時期、ネコは毛玉を吐きやすくするために草を食べたがります。イネ科の先の尖った葉を好みます。のどをうまく刺激してくれるのだといわれています。実際、草といっしょに毛玉を吐いています。ペットショップや園芸ショップには、「ネコの草」とか「ペットグラス」という名称で簡単な鉢植えが売られていますから、換毛期には部屋に置いてネコが自由に食べられるようにしておくとよいでしょう。

たまに毛玉がうまく吐き出せず、胃の中の毛玉がどんどん大きくなってしまう事態が起きる場合もあります。吐くに吐けず、腸に流れることもなく、胃が毛玉で一杯になると食べることもできなくなります。こうなると外科手術しかありません。

最近は、毛玉ケアのキャットフードもあります。飲み込んだ毛がウンコといっしょに出やすいように考えられたフードです。換毛期には、これを利用するのもよいでしょう。

ネコの毛玉

換毛期、ネコは
草を食べたがる。
部屋に置いてあげよう。

ネコの草
いただきまーす

草を食べるのは毛玉を吐きやすくするため。

ケコっ ケコっ
アワワ たいへん!

吐かないと問題だが、吐くのも問題。
ナイスキャッチの技術をマスターしよう。

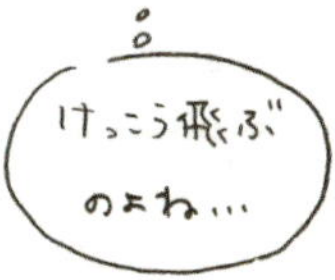
けっこう飛ぶのよね…

33 室内飼いのネコは幸せなのか

「ネコは自由に外を歩き回るもの」という意識は根強いようです。イヌは、戦後に狂犬病予防法ができたときに放し飼いが禁止されましたが、ネコはこの法律の対象ではありませんでした。また人々は長い間、ネコに家の中や周りのネズミ退治を期待していましたから、放し飼いをあたり前と考えたのでしょう。その感覚が、「家の中に閉じ込めるのはかわいそう」という発想につながるのだと思います。

でも動物学的には、ネコは徘徊（はいかい）性の動物ではないのです。イヌは動き回りたいと感じる徘徊性の動物ですが、ネコは違います。そもそも「待ち伏せ型」の狩りをするネコが、「動き周りたい」と感じているとしたら矛盾です。ジッとしていなくてはならない待ち伏せなどムリでしょう。

ネコは、必要がなければ動きたくないと思う動物なのです。その証拠に、動物園にいるネコ科の動物はいつも寝ています。エサはもらったし危険もないし、動く必要がないからです。その点、動物園のイヌ科動物はいつも歩きまわっています。動き回りたいのです。そのイヌをつないで飼い、ネコを放し飼いにすることこそ矛盾する話です。

放し飼いのネコは、飼い主の家とトイレと昼寝場所とを行き来しているだけで、ほっつき歩くこと自体を楽しんでいるわけではありません。もし家の中に快適なトイレと快適な寝場所があれば、外に出る必要はないのです。ネコのなわばりとは、自分に必要なものがあるスペースのことで、条件さえ満たされれば狭くてもかまわないのです。家の中だけで十分、幸せに暮らせます。

ネコは必要がなければ動き回らない

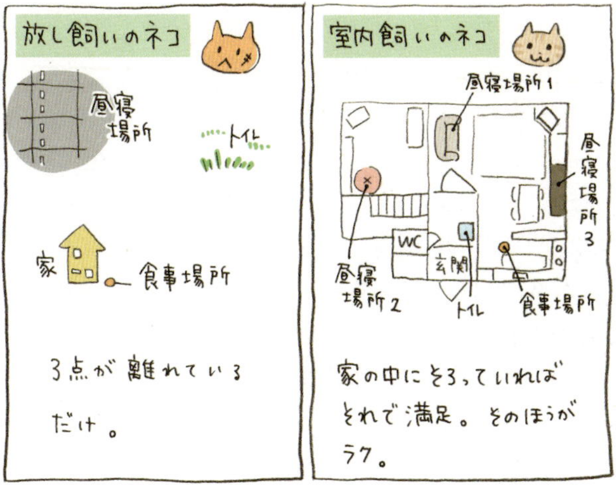
放し飼いのネコ
昼寝場所
トイレ
家
食事場所
3点が離れているだけ。
室内飼いのネコ
昼寝場所1
昼寝場所2
昼寝場所3
WC
玄関
トイレ
食事場所
家の中にそろっていればそれで満足。そのほうがラク。

Z
Z
z

元来、動き回りたいと思う動物ではない。

室内飼いのネコは外に出たいとは思わない

最初からネコを家の中だけで飼っていると、ネコは外に出たいとは思わなくなります。家の中だけを自分のなわばりとして認識するからです。もし窓が開いていたとすると、若いときは好奇心から出てみようとしますが、年とともに出ようとしなくなるものです。たとえ開いていた窓から出ていったとしても、近くの物陰にひそんでいます。出てしまったものの、窓の外はなわばりの外側ですから、不安で仕方がないのです。

「ネコが逃げた」といって遠くを探す人がいますが、探すべきは出ていった窓やドアのすぐ近くです。よほどのことがないかぎり、ネコは遠くまで行ったりはしません。不安で動くことができないのです。数日間も動けないでいることが、ほとんどです。

それでも、ネコが窓から外を見ていると飼い主は「外に出たいと思って見ているのだろう」と思ってしまいます。でもネコはたんになわばりの外を見張っているだけ。気にすることはありません。

室内飼いのネコは、飼い主とともにいる時間が増える分、飼い主と強い絆を結びます。強い絆で結ばれた関係が幸せでないわけがありません。飼い主が「ネコを閉じ込めている」と思い、「室内飼いのネコは不幸だ」と思うことのほうが問題です。そのうしろ向きの気持ちがネコに伝わることのほうが問題なのです。飼い主が、「室内飼いこそネコの幸せ」と思い、ネコとの暮らしを幸せだと思っていれば、ネコも幸せになれるのです。

室内飼いのネコは「閉じ込められている」のではありません。窓から出ていったネコは「逃げた」のではありません。室内飼いがネコの幸せだと真に思っていれば、これらの言葉は口から出てはこないものです。

column

引っ越しは室内飼いに変えるチャンス

放し飼いのネコを室内飼いに変えるのは難しい。
でも引っ越しを機会にすれば100%成功する。

お気に入りのベッドの設置よし！

ネコは一度自分のなわばりをリセットし、新たになわばりを作りなおす。そのとき外に出さなければ家の中だけがなわばりになる

引越しお疲れサマ。
ここは食事場所だよ。
トイレもあるよ。
いっしょに暮らそうね。

34 かみつく癖を治せないか

突然、ネコが手に飛びついてきてかみつく。「やめなさいっ！」と叱ると、ますます興奮してかみつく。「いったいどうなっているんだ？　だいじょうぶなのか、うちのネコは？　どうやったら止めさせられるのか？」という人が最近、増えました。室内飼いの、1頭だけで飼われているネコによく見られる現象です。

私たちは、「かみつく」イコール「やめさせるべき」と判断しがちです。だから、「どうやったら止めさせられるか」ばかりを考えてしまいますが、ちょっと待ってください。まず、なぜかみつくのかを考えてみましょう。止めさせるかどうかを決めるのは、そのあとです。

ネコは、「ケンカごっこして遊ぼうよ」のサインとしてかみつくのです。子ネコたちは、兄弟ネコの背後から突然、飛びついてかみつきます。それが「遊ぼうよ」のサインなのです。かみつかれた子ネコが「なにすんだよっ」と反撃するのが、「OK、遊ぼう」のサインです。つまり、飼い主の手にかみつくのは「遊ぼうよ」なのです。「やめなさいっ！」と叱るのは、ネコにとって「OK」のサイン。うれしくてますます興奮するのはあたり前です。室内飼いで1頭飼いのネコほど、飼い主を自分の兄弟とみなすものです。だから、この行動がよく出るのです。さらに、飼いネコはいつまでも子ネコの気分が続きますから、大人になってもやるのです。

飼い主が本気で怒り、何度も強くたたいたりすれば、ネコはいずれ、かみつかなくなります。でもそれは、しつけができたのではなく、ネコが飼い主を友だちだと思うことを止めてしまったということです。ネコが求めてきた絆を飼い主が断ち切る、なんとかわいそうなことでしょう。知らないということは、ときとして残酷なことを平気ですることでもあるのです。

ネコが飼い主の手や足にかみつくのは、ネコが楽しい気分、遊びたい気分でいるときです。飼い主に仲間意識を感じているからこその行動です。その気持ちを受けとめてやるべきでしょう。「どうやったら治せるか」ではなく、「どうやったら、その気持ちを受けとめてネコとの絆を育てられるか」を考えるべきなのです。

かみつくのは遊ぼうよのサイン
兄弟ネコといっしょに暮らしてるネコは
ガバッ！
「遊ぼう！」
のサインとして
突然兄弟ネコにとびつく。
1頭だけで飼われているネコは
わあっ
カプ
遊ぼうよー
の気持ちを
飼い主にぶつける。
ここで強く叱ってしまうと
飼い主を仲間だと
思わなくなってしまう。
め！
仲間が欲しい…

飼い主はネコといっしょに遊ぶ義務がある

では、どうやったらネコの「遊ぼうよ」の気持ちを受けとめることができ、そしてネコとの絆を育てることができるのでしょうか。答えは1つ、ネコの兄弟になったつもりでいっしょに遊んであげることです。それ以外にありません。

ネコがかみついてきたら、ネコの気持ちになって「なにすんだよっ」と抵抗してください。ネコは「お遊びタイム成立」に大よろこび、「じゃ、本格的に開始〜」と、さらにかみついてきます。いちばん、簡単な対応は、手を広げてネコの顔の前に出し、そのまま顔をつかんでしまうことです。ネコはおおいに怒ります。でも、あくまで遊びで怒っているのですから心配はいりません。ネコの遊びは「ケンカごっこ」なのですから、“怒っている風”がなくては成り立ちません。

ネコは耳を伏せアゴを引き、“やる気”をギンギンに演出しながら身構えて、ガブッときます。なぜかネコは人の手を狙いますから、ガブッとくる0.01秒前に絶妙のタイミングで手を引いてください。「もうチョイだったのに失敗した」というシチュエーションが大事です。ネコはおおいに盛りあがります。

反対に手を引かず、ゲンコツを握ってかませるのも方法です。かませておいて押すのです。ネコは「アガガガ…」となりますが、そういう駆け引きこそが遊び。ネコはちゃんと理解します。いろんな駆け引きをやってください。人が楽しいと思ってやればネコもその楽しさに同調し、同じように楽しくなるのです。

最後は「もう、おしまい」といって立ち上がり、まったく関係ないことを始めてください。ネコは、このサインもちゃんと理解して「お遊びタイム」を終了させます。

ネコとケンカ遊びをする方法

おっ？
やるか？
カプッ

ネコがかみついてきたら
振り払う。
これでお遊びタイム成立！

☆顔をつかむ

エイ
わ！このヤロー！

ネコ、おおいに
盛り上がる。

☆手をさっと引く

あ！
サッ

絶妙なタイミングで
なお盛り上がる。

人と遊ぶことを覚えると、こういう誘い方もする。

くるなら
こい!!
戦闘
体勢
うお、スゲー…。

35 どういう遊びが好きなのか

ネコと遊ぶのはよいが、毎回「ケンカごっこ」では身がもたないと思う人もいるでしょう。そういう場合は、じゃらし棒を使いましょう。じゃらし棒をうまく操り、人は楽をしてネコだけを遊ばせるのです。ただし、じゃらし棒は、ただ振ればよいというものではありません。じゃらし棒の振り方には立派な科学があるのです。その科学を頭に入れておくことがたいせつです。

その前に、じゃらし棒は「ネコの遊び道具」ではなく、「ネコを遊ばせるための、人の道具」だということを認識してください。じゃらし棒は、使い方いかんで、「ネコを狂喜させる秘密兵器」にも「燃えないゴミ」にもなるのです。

では、じゃらし棒の使い方における科学をお話ししましょう。

動く獲物を捕まえたいという衝動が、ネコの狩猟本能だということは前に述べたとおりです。そして衝動とは、それが満たされたときに快感をともなうものだという話もしました。ということは、じゃらし棒に、獲物そっくりの動きをさせればネコの狩猟本能を最大限に引き出すことができ、最大限に引き出せればネコは楽しいのだということになります。では、獲物そっくりの動かし方とは、どんな振り方なのでしょうか。

それをマスターするには、「ネコの獲物とはどんな動物か」と「その獲物たちは、どんな動きをするのか」を知らなくてはなりません。そのうえで、じゃらし棒を獲物に見立ててじょうずに振ったり動かしたりすればいいわけです。これが、じゃらし棒の科学です。なんと、ネコを上手に遊ばせるには、獲物となる動物の行動まで熟知しなくてはならないのです。実に奥が深いのです。

ネコの獲物と、その動きのタイプ別分類

ネズミタイプ

- チョロチョロと不規則なコースを動く。
- 歩いていたかと思うと止まる。また動く。
- 物陰の隙間に入り込む。

虫タイプ

- 枯れ葉の下や草むらの中をカサカサと音を立て動く。
- 姿は見えず、おおったものがモコモコと動く。
- ときどきチラッと姿を見せる。
- ジグザグなコースを移動する。
- 小さな穴などに入り込む。

小鳥タイプ

- 少し飛んでは着地、飛んでは着地を繰り返す。
- 地面でバタバタと羽音を立ててもがいている。
- 捕まりそうになると大きく飛ぶが、すぐに着地する。

ネコじゃらしの達人になるためのポイント

ネコの獲物となる動物の動きが頭に入ったら、あとは想像力を駆使して実践に入りましょう。

ペットショップにはいろんなタイプのじゃらし棒がありますが、こったものを選ぶ必要はありません。ネコは獲物を“形”で認識するのではなく、動きのパターンで認識します。だから、形より思いどおりに操れるかどうかのほうが重要です。特に「手首のひねり」を取り入れることが大事ですから、軽くて短めのものを選んでください。

使い方のポイントは、まず、ネコから遠ざかるように動かすことです。獲物は逃げていくもので、近寄ってくるものではありません。遠ざかったほうがネコの狩猟本能を触発します。

次に、同じリズムや速度では動かさないことです。ゆっくり動かしたりすばやく動かしたりしてください。ときどき、クックックッ…と小刻みに動かすとネコの興味をひきつけます。

物陰や隙間に、「これ見よがし」にじゃらし棒を引き込むワザもたいせつです。ゴソゴソと隙間に入り込んでいくようすを再現するのです。ネコにとっては、チラチラと見え隠れしていたものが隙間に入り込んで見えなくなる瞬間が、「いまだ！」と思う瞬間なのです。かならずといっていいほど、飛び出してきます。おおいにもったいぶった演出をしてください。

最後に、獲物の気持ちになりきることがたいせつです。ネズミの気持ちになってネズミの動きを再現し、虫の気持ちで虫の動きを再現する、これが意外に効果を発揮するのです。ネコに捕まりそうになったときも獲物の気分で対処することで、より獲物に近い動きを再現できるものです。

小鳥タイプを演じるときだけは、釣り竿式のじゃらし棒を使ってください。“釣り糸”の先に鳥の羽がついたものが効果的です。羽の部分を床につけて乱暴にバサバサと音を立て、ネコが飛びついた瞬間にはねあげるという方法をとります。ネコはハイジャンプをしておおいに盛りあがること、請け合いです。

じゃらし棒の使い方
かくれちゃうぞ〜
いまだ!と思わせることが大事。
じりじり
バサバサ
「わ!ネコだ!早く逃げなきゃ!」
ジャーンプ
しゅっ
「うおー食べられちゃう!」と獲物になりきることが大事。

column

ネコ、ヘコ、トコがいる

ネズミタイプの動きに強く反応するネコ、虫タイプの動きに強く反応するネコ、そして小鳥タイプの動きに強く反応するネコがいます。それぞれ得意とする狩りの方法が違うようで、それはそのまま、遊ばせたときの好みとして表れます。

昔の人は、「ネズミを捕るのがじょうずなのがネコ、ヘビを捕るのがじょうずなのがヘコ、鳥を捕るのがじょうずなのがトコ」という言い方をしましたが、実にうなずける言葉です。いろんな遊び方をしていると、自分のネコが、ネコ、ヘコ、トコのどれなのかがわかります。「完璧なヘコ」もいれば「ネコがかったヘコ」や「ネコトコ半々」などもいます。

column

ひとり遊びは子ネコ時代に卒業する

ネコがひとりで遊べる「ネコのオモチャ」もありますが、ネコがひとり遊びに興じるのは、ほんの子ネコのときだけです。ひとり遊び用のオモチャでは、単純な動きしかできないからです。成長とともに「複雑な動きがしたい」と思うようになり、ひとり遊びではもの足らなくなるのです。

人が振るじゃらし棒を狙うには、かなり複雑な動きをしなくてはなりません。また、人の振るじゃらし棒は予想外な動きをします。だから、おもしろいのです。人と遊ぶ楽しさを知ったネコは、もう、ひとり遊びなどしません。遊びたくなったら飼い主を誘いにやってきます。

36 自分のネコがケンカに負けないためにはどうすればよいか

ケンカに勝つということは、相手が負けるということです。すると負けたネコの飼い主も同じように「ケンカに負けないようにするには、どうすればよいのか」と思うでしょう。これでは終わりがありません。どこか虚しい気がします。

絶対にケンカに負けない方法、それはケンカをしないことです。そして「ケンカをしないようになるにはどうすればよいのか」を考えるのなら、答えはあります。去勢をすればよいのです。去勢をすれば、激しいケンカをすることは、まずなくなります。

ネコがケンカをする大きな理由は、自分のなわばりに入ってきた侵入者を追い払うため、メスを獲得するためにほかのオスを追い払うためです。ただし、双方の力に大きな差があるときはケンカにはなりません。動物たちは昔の武士のように、出会った途端に相手の力がわかるからです。「かなわない」と思ったほうのネコがサッサと退散しますから、ケンカにいたらないというわけです。

実際にケンカが起きるのは、おたがいの力が拮抗しているとき、言いかえれば、気の強さが同レベルのときです。体力が同じなら気が強いほうが、ケンカに勝つのです。「オレのほうが強い」、「いや、オレのほうが強い」と延々と“口ゲンカ”を続け、それでも双方が強気を維持し続けたとき、実際のケンカに突入するのです。

強気を維持し続けるのは、メスよりもオスです。でもオスは去勢すると、“穏やかな性格”になるものです。さらに、メスを獲得するための闘争とも無縁になります。つまり、激しいケンカをするのは未去勢のオスなのです。去勢すればケンカをする理由がなくなり、ケンカに負けることもなくなるという道理です。

ネコがケンカをする理由

①なわばりへの侵入者を追い払うため

メスのなわばりにオスが侵入した場合は、メスが逃げるのでケンカにはならない。

オスのなわばりにオスが侵入した場合は、へたをすれば大ゲンカ。

オスのなわばりにメスは侵入しようとは思わないので、ケンカは起きない。

結論
ケンカするのは気の強いオス

②メスを獲得するため

去勢したオスは関係がない。

結論
ケンカするのは未去勢で気の強いオス

総結論
去勢したオスは穏やかになり、ケンカをしなくなる。

37 去勢、避妊手術は不自然ではないのか

ケンカをさせないためにオスに去勢手術をしたり、子ネコを生ませないためにメスに避妊手術をしたりするのは自然に反することではないのかと思う人もいるでしょう。動物は自然のままに生きるべきだし、去勢、避妊手術なんて人間の越権行為ではないかと思う人もいることでしょう。

でもネコは、人類が作り出した家畜であり、野生動物ではないのです。もし人類がこの世に存在しなかったら、ネコも存在していません。ネコが生きる世界は人のそばにしかないのです。人がいなければネコは生きていけないのです。人類の存在とは関係なく生きている野生動物と、人類が作り出したネコとを、同じ基準で考えるのはまちがいです。

人類が作りだした動物には、人類がすべての責任を持つべきです。人のそばで快適な暮らしができる方法を模索するべきでしょう。野生動物ではないのですから、「自然のままに生きるべき」という言い方はあたりません。人の暮らしの変化にともなってネコの暮らしも変化してよいのです。野生動物の暮らしに人がかかわってはいけませんが、家畜の暮らしには人がかかわらなくてはならないのです。

避妊をしていないメスネコが“自然のまま”に繁殖をすれば、1年に10頭もの子ネコを生みます。翌年には子ネコたちも子ネコを生み、その翌年には…、とやっていくと、1頭が100頭に増えるのに3年はかかりません。この数を飼い続けるのは、一般の飼い主にはムリです。かといって人間のような避妊法もネコにはムリです。だから手術が必要なのです。現在生きているネコたちの幸せを確

実に守るために、産児制限が必要なのです。オスにも「1頭が100頭」に対する責任があるのですから、子ネコが増えることを望まないなら去勢手術が必要でしょう。

野生動物は、生まれた子供の多くが成獣になる前に死んできます。それが野生の世界というものです。人がエサを用意するおかげで、生まれた子供のほとんどが成獣まで育つネコの世界は、すでに“自然”ではありません。そもそも、人類が作り出した家畜という存在自体、すでに“自然”ではないのです。だったら、自然の掟とは異なる基準でネコを守る方法を考えるべきでしょう。それが避妊、去勢手術という方法であっても、けっしてまちがいではないと信じます。

自分がメス（オス）ではなくなったという意識はネコにない

ネコの性行動は発情期にしかみられません。発情期の間だけ、オスネコはオスに、メスネコはメスになるのです。その他の時期は“性”とまったく無縁です。年に3回ほどめぐってくる発情期の期間を全部足しても5か月ほどですから、ネコは1年の半分以上を“性”と無縁で暮らしていることになります。

避妊や去勢をすると、発情期以外の時期がずっと続くというだけです。また、発情期のネコは本能として交尾をするものの、交尾と妊娠や出産の因果関係を意識するはずもありません。たんに本能にしたがって交尾という行為をするのであり、妊娠したネコは本能にしたがって出産という行為をするだけです。

避妊手術や去勢手術を受けたネコが、「メスではなくなった」とか「オスではなくなった」と意識することもありません。発情期以外の時期の気分をずっと持ち続けるだけです。発情期特有のネコの声が聞こえても、その声になんの興味もわかなくなるだけ。子ネコ時代と同じように「なんの声だろう？」と思うだけです。

キャットフードと獣医学の発展によってネコは長生きするようになった半面、長寿ゆえの病気にかかりやすくなりました。避妊手術をしていないメスの場合、生殖器に関する病気が多いのは事実です。避妊手術で、最期まで健康で暮らすことができるのです。

去勢手術をしていないオスの場合は、ケンカによるケガや病気感染の可能性が高いほか、においつけの方法として、とてもクサイオシッコを家具などにかけるスプレーという行動が多く見られます。しょっちゅうスプレーをやられたら、飼い主は快適な暮らしができず、ネコがうとましくなることもあります。いつも「かわいい」と思えてこそネコとの幸せな暮らしがあるのであり、幸せな暮らしができてこそ、私たちはネコを最期まで飼えるのだということを忘れてはいけません。

避妊、去勢をしたネコは子ネコのときの気分に戻り、愛くるしく人に甘え続けます。それが人とネコとの絆を強く深いものにするのなら、そのほうがずっといいではありませんか。ネコに幸せな一生を送らせることができる方法だと思います。

ネコの幸せな一生とは？

病気やケガをせず
健康に過ごすこと。

飼い主と深い絆で
結ばれること。

それを可能にするのが避妊手術や去勢手術。
だったら前向きに考えよう。

38 爪とぎを止めさせられるか

ネコの爪とぎは、つねに爪をとがらせておくためのメンテナンスです。とがった爪がなくては狩りが成功しないからです。キバを急所にうまくあてて獲物にトドメをさすためには、獲物を押さえつけておく必要がありますが、押さえつけるためにとがった爪が必要なのです。いつでも使えるようにしておくために、ネコはしょっちゅう爪とぎをするのです。

ただしネコは、「爪をとがらせよう」と思って爪とぎをするわけではありません。爪でガリガリとやる行動がしたくなるよう、先祖代々インプットされているだけです。「やりたい」からやっていると、結果的に爪が尖るという寸法です。だから、爪を切っても爪とぎをします。ネコの爪とぎは叱ろうがなにをしようが、絶対に止めさせることはできません。

できるのは、爪とぎ器で爪をとぐように仕向けることだけです。仕向けるコツは、家の中にあるどんなものよりも爪のとぎ心地のよい素材でできた爪とぎ器を選ぶことです。そうすれば、いつも爪とぎ器で爪をとぐようになります。ペットショップに、いろんな素材の爪とぎ器が売られていますから、家にある家具とは違う素材のものを選んでください。家具と同じ素材だとネコは、どちらが爪とぎ器かわかりません。いろいろ買ってみて試してみるのがよいでしょう。

さらに爪とぎ器が傷んできたら早めに新しいものと取り替えることもたいせつです。とぎ心地が悪くなればネコは、もっととぎ心地のよいものを探します。爪とぎ器よりも家具のほうがとぎ心地がよくなったとき、ネコは家具で爪をとぐわけです。

ネコの爪とぎのしくみ

ネコの爪はエンピツのキャップがいく重にも重なったようなつくり。

爪とぎは、いちばん上のサヤをはがすための作業。

脱皮のよう。

だから、表面がやわらかく爪がささりやすい材質のもので爪をとぐ。

家にあるどんな家具より爪のとぎ心地のいい材質の爪とぎ器を探す。それが最良の爪とぎ対策。

爪とぎから家を守るためには工夫も大事

どんな爪とぎ器を選んでも家具や壁で爪をとぐ、ということもあるでしょう。その場合は、別の角度からの工夫をしましょう。

壁で爪をとぐ場合には、ペットショップで売っている「爪とぎ防止シート」を貼るのも方法です。ツルツルしたシートなので爪がささらず、爪とぎができなくなります。また可能なら壁の前になにかを置いてしまい、物理的に近寄れなくするのも方法です。そのうえで、爪とぎ器を使わせるようにします。

襖（ふすま）で爪をとぐという場合なら、襖を取り払ってしまうという方法もあります。どうしても爪をとぐ家具があるという場合も同じです。なくしてしまえば爪とぎはできません。工夫とは頭の体操でもあるのです。止めさせることを正攻法で考えるのではなく、コペルニクス的転換で考えましょう。

どうしてもベッドで爪をとぐ、でもベッドがないと困るという場合は、究極の発想転換をおすすめします。「うちのベッドはネコの爪とぎ器をかねる」と考えるのです。本気でそう思えば即、「爪とぎをなんとかしなくては」という悩みから開放されます。そしてボロボロになったら、「うちはネコの爪とぎ器にだけはお金をかける主義」と思いながら買い替えます。けっこう、リッチな気分を味わえます。

家具などを爪とぎの被害から守ることばかりを考えていると、イライラしてきて幸せな気分を忘れます。そんな飼い主の精神状態はかならずネコに移り、ネコも幸せな気分から遠ざかります。発想の転換をすることで、おたがいが幸せに暮らせるのなら、それに越したことはありません。イライラしようとしまいと家具がボロボロになるのなら、発想の転換をしたほうが得というものです。

爪とぎから家を守る工夫

ダナ
?。

爪とぎで壁がボロボロ。

こんな時、叱っても

効果はあまりない。

それよりも工夫することが大事。

爪とぎの壁
……
ふふふ。
もうできまい。
ママの勝ち

これ？ネコの爪とぎ器兼ベッド。
ボロボロ
アハハ

発想の転換も

工夫のうち…。

39 つまみ食いを止めさせられるか

つまみ食いを覚えてしまったネコに、つまみ食いを止めさせるのは、とても難しいことです。誰もいない食卓に食べられるものを置いたままにしないとか、食事中は全員でテーブルをガッチリと囲み、ネコが入る隙間を作らないといった方法で対処するしかないでしょう。はっきりいって、あまり穏やかな光景ではありません。だからこそ飼い始めたときから、きちんとしつけておくことが大事なのです。実際、つまみ食いなど絶対にしないネコはたくさんいます。

しつけといっても、たいしたことではありません。最初から、人間の食べているものを絶対にネコに与えなければよいだけです。特に、してはいけないのは、人の食事中の“おすそわけ”です。“おすそわけ”をしていると、ネコは「食卓の上には自分が食べられるものがある」ことを覚え、人がいれば人にねだり、誰もいなければ自力で食べる、つまり、つまみ食いをするようになるのです。

最初からキャットフードのみを与えられて育ったネコは、人間の食べているものに興味を示さないのがふつうです。たとえ刺身が置いてあっても食べません。動物は離乳期に食べたものを一生、好んで食べるものですが、キャットフードで育ったネコは刺身を見ても食べものだとは思わないのではないかと思うほどです。「それでよいのか？」という気がしないでもありませんが、とにかく平和な食卓が囲めることは確かです。客人がいるときも安心していられます。

つまみ食いをしないしつけ、それは人間の食べものを絶対に与えないこと、つまりなにもしなければよいだけです。

戦々恐々の食事風景

コラコラ
にゃー
にゃー
あ、そっち
気をつけて！
にゃー
落ち着いて食べたいぜ。

これでは客人は
絶対にこない…。

ネコにはキャットフードのみ。

・食卓からものを
食べさせないこと。
・人の食べものを
与えないこと。

最初からこうしておけば、問題はない。

人の食べものを与えるのはネコの健康に悪い

ネコは高齢になると、腎臓を悪くすることの多い動物です。発症すると、動物病院で「人間の食べものは与えないでくださいね」とかならず言われます。人間用に味つけをされたものはネコにとって塩分が多すぎて、ますます腎臓に負担をかけるからです。でも“おすそわけ”の習慣のあるネコの場合、病院の指示にしたがうのはとても困難なことです。欲しがるネコに抵抗できる飼い主はまずいません。心を鬼にして与えるのを止めたとしても、今度はがまんさせられるネコがかわいそうです。ネコには、なぜ突然“おすそわけ”がなくなったのか理解できるわけもないのです。最初から、人の食べものを与えない習慣をつけておくことは、ネコの健康のためにもたいせつなことです。

「でも人間の食べるものがいちばんおいしいに決まっている。ネコだって食べたいだろう」と思う人はいるでしょう。それは決定的なまちがいです。動物はみな、必要とする栄養素が違うのです。そして自分に必要な栄養素を「おいしい」と感じるようにできています。人の食べものが「おいしい」のは人間だけです。

ネコは、人間ほど塩分を必要としません。人間より高タンパクを必要とします。それらのことを考えて作られているのが、キャットフードです。「昔のネコは残飯に味噌汁をかけた“ネコまんま”で十分に生きたではないか」と思うかもしれませんが、それでは栄養が足らず外でネズミや虫などを捕って食べていたのです。それができないネコたちは、長生きができなかったはずです。

ネコの健康を考えるうえでも、キャットフードだけを与えるようにしたいものです。

人間の食べものはネコを不健康にする

ネコが人間と同じものを食べたとしたら…。

フンフン
味つきサケ

塩分が多すぎ。

タンパク質が不足。

さっさっ
味はこいめでね

塩分のとりすぎが

体に悪いのは

人間と同じ。

ネコにはネコの、

人には人の栄養学がある。

ネコにはキャットフードを。

40 缶詰とドライフード、どちらがよいのか

スーパーのペットフード売り場には、さまざまな種類のキャットフードが売られていて、どれを選べばよいのかよくわかりません。じょうずな選び方をするためには、キャットフードについての知識が必要です。

キャットフードには、「総合栄養食」と表示されたものと、「一般食」または「副食」と表示されたもの、そして「おやつ」と表示されたものとがあります。「総合栄養食」とは、ネコに必要な栄養が過不足なく含まれているという意味です。「一般食」や「副食」は、ネコに必要な栄養が一定基準以上、含まれているという意味です。言い換えれば、これだけでは栄養に偏りがあるという意味です。そして「おやつ」は文字どおり、おやつです。

カリカリのドライフードはすべて、総合栄養食です。缶詰やレトルトパックには、総合栄養食のものと一般食や副食のものとがあります。缶詰の表示を見てみてください。一般食や普通食と表示されたものには、「総合栄養食といっしょに与えてください」と書かれています。この場合の総合栄養食とは、ドライフードのことだと考えればよいでしょう。

値段的には、ドライフードのほうがずっと安価です。ドライフードが好きなネコなら、これと水だけで栄養的には十分です。缶詰やレトルトしか食べないネコには総合栄養食を選ぶことがたいせつです。そして、おやつと表示されたものは、あくまでおやつですから、主食にしてはいけません。

それぞれに、いろんな味のものがありますから、味の違うものをいろいろと選んでみるとよいでしょう。

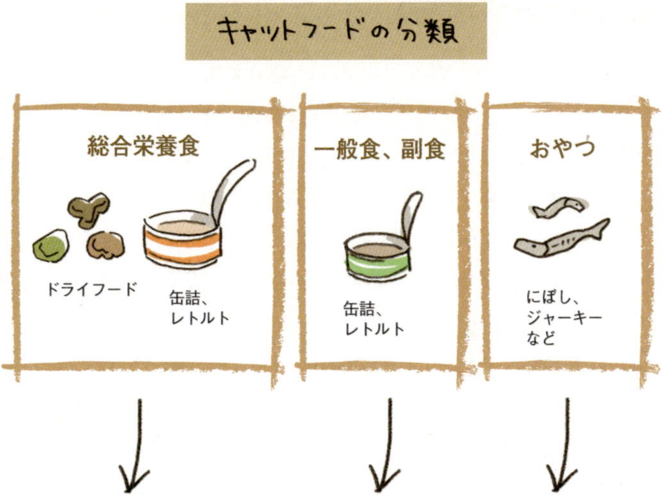
キャットフードの分類
総合栄養食
ドライフード
缶詰、レトルト
一般食、副食
缶詰、レトルト
おやつ
にぼし、ジャーキーなど

総合栄養食は、水とともに与えればOK。特にドライフードは水とセットで。

一般食や副食は、総合栄養食とともに与える。

にぼしもっと～♡
にぼし
だめ～。

オヤツは主食にしてはいけない。

さまざまな付加価値のあるフードもある

缶詰やドライフードのそれぞれに、離乳食用、子ネコ用、7才以上用などがあります。また、毛玉ケアや歯みがき効果といった付加価値のついたドライフードもあります。なるべく品ぞろえの多い店で、自分のネコに適したものを探すのがよいでしょう。インターネットや通販を利用して購入することもできます。

ドライフードは人間の目には味気なく見えるかもしれませんが、ドライフードが大好きでドライフードしか食べないというネコは意外に数多くいます。また、軟らかい缶詰より、硬いドライフードのほうが食べかすが歯に残りにくいので歯周病の予防にもなります。「ドライフードしか与えないのは愛情がないような気がする」などと心配することはありません。ネコが好んで食べることのほうがずっと大事です。

缶詰は水分が多いので"腹持ち"が悪いことも頭に入れておきましょう。意外に早くお腹がすいて、すぐに食事を催促してきます。かといって一度に大量に食器に出しておいても、時間がたてばニオイが飛んでしまいますし、夏場は衛生上、よくありません。長時間、家を空けるときのことを考えれば、缶詰が好きなネコであっても、ドライフードとの併用を習慣づけておいたほうがよいでしょう。水分がほとんどないドライフードは、夏場にも傷みにくく、多めに出しておくことができます。

それにしても、ペットフード売り場のスペースの4分の3はキャットフード、残りがドッグフードです。いかにネコがむら食いをするかということです。そして、いかに飼い主がなんとかして食べさせようと味のバリエーションを求めるかということです。ネコとは実に幸せなペットです。

食事の催促で早朝に起こされる人たち

朝のとんでもない時間にネコに起こされると嘆いている人たちがいます。「鳴いたら起きてゴハンの用意をしなさい」とネコにしつけられているようなものです。ネコはしつけるもの。ネコにしつけられて、どうするんですか。

夕食を遅めの時間にずらし、あとは起こされても絶対に起きないでください。完璧に寝たふりをしてください。3日も続ければ「起こしてもむだ」ということをネコが学び、体内時計を調整します。それで終了。ゆっくりと寝てください。

ネコはしつけるもの。しつけられないで!?

column

41 なぜあんなにかわいいのか

イヌもかわいい、ウサギもハムスターもかわいい。でもネコのかわいさは、それらのかわいさと少し違う。ネコ好きはみな、そう思っています。でも、それを大っぴらにいうと「ネコ好きって少し異常」と言われそうで、黙っている正常な人ばかりです。

だいじょうぶ。ネコは科学的に考えても、とりわけ「かわいい」のです。ほかのペットとは少し違うかわいさを満載した動物なのです。安心して「なぜ、あんなにかわいいのか」と本気で疑問に思ってください。

ある動物学者が「ほ乳類と鳥類の子は“かわいさの条件”を満たして生まれてくる」と言いました。その“かわいさの条件”とは次の4つです。①小さくて、②丸くて、③やわらかくて、④暖かい。

「なんじゃ、アホくさ」と思っている人、なんでもよいですからほ乳類か鳥類の赤ん坊を思い浮かべてください。ウサギの子、イヌの子、ヤギの子、アヒルのヒナ、ツルのヒナ……。どの赤ん坊も①小さくて、②体が全体的に丸くてコロコロで、③フワフワのうぶ毛や“うぶ羽”が生えていてやわらかく、④子供は大人より体温が高いので触ると暖かい、という点で共通です。これが「かわいさの条件」だというのです。実際、文句なしに「かわい〜っ」ではありませんか。

ネコの赤ん坊も“かわいさの条件”を満たして生まれてきますから、格別なかわいさがあります。でもネコは、大人になっても私たちにとっては「小さくて丸くてやわらかくて暖かく」、“かわいさの条件”を満たし続けます。つまり、赤ん坊的なかわいらしさを持ち続けます。だから「あんなにかわいい」のです。

かわいらしさの条件

ほ乳類と鳥類の赤ん坊には独特のかわいらしさがある。

① 小さくて
② 丸くて
③ やわらかくて
④ 暖かい

4つの条件がそろうと、
文句なしに、かわい〜っ!!

人にとっては、大人のネコも
「かわいさの条件」を満たしている。
だから

われわれはほ乳類ゆえにネコがかわいい

ではなぜ、ほ乳類と鳥類の子は“かわいさの条件”を満たして生まれてくるのでしょう？

ほ乳類と鳥類の子供は、親がめんどうをみないと育たないからです。ハ虫類や魚類は、例外はあるものの、卵を生んだらおしまいで、親がめんどうをみなくても子は育ちます。でもほ乳類と鳥類の子は、親がめんどうをみなかったらまちがいなく死んでしまいます。“かわいさの条件”は、親に向かって発する「かわいいでしょ？　めんどうをみたくなるでしょ？」という信号なのです。そしてほ乳類や鳥類の大人は、この信号に反応するようインプットされているのです。かわいさのあまり、つい手を出したくなり、めんどうがみたくなるようインプットされているのです。

人間もほ乳類ですから、赤ん坊は“かわいさの条件”を満たして生まれてきます。そして人間の大人は、そのかわいさに反応します。この「めんどうがみたくなる」気持ちを、人間の言葉では母性本能というのです。母性本能は女性だけにあるものではありません。本来、男性にも女性にもあるものです。出産をした女性には、特に強く表れるというだけでしょう。

同じ「親がめんどうをみることで子が育つ」動物として、私たちはほ乳類と鳥類に共通の“かわいさの条件”に反応します。だからほ乳類と鳥類の赤ん坊を見ると、誰もが「かわい～」と思うのです。イヌがネコの子を育てたりすることがありますが、同じく“かわいさの条件”に反応して「かわい～」と思うからでしょう。私たちがネコに「ほかとは少し違うかわいさ」を感じるのは、私たちがほ乳類だからこそです。ほ乳類として、母性本能をかきたてられるからなのです。

「猫かわいがり」とは？

「猫かわいがり」は広辞苑に「猫をかわいがるような甘やかした愛し方」と出ています。昔から人は、ネコをベタかわいがりしていたようです。ネコが赤ん坊的なかわいさを発するのですから、ムリもありません。赤ん坊に言うときと同じように赤ちゃん語で話しかけ、「おーヨチヨチ」と抱いて頬ずり。誰も見ていなければ、男性もきっと同じことをしていると思います。

でもネコは社会に出る必要はないのですから、甘やかして育ててかまいません。本能のおもむくままに猫かわいがりをして楽しみましょう。

47 多数飼いのコツはあるか

ネコは本来、単独生活者なのですが、食糧が十分にある環境では複数で暮らすことも十分に可能です。また飼いネコがいつまでも子ネコ気分でいることも、多頭飼いを可能にする理由の1つです。

とはいうものの、多頭飼いをするには若干の注意すべきことがあります。まず、最初は1頭だけで飼っていて途中から新たにネコを増やそうとする場合の注意です。それぞれのネコがどういう子ネコ時代を経験しているかで、仲間を受け入れるかどうかが違うのです。子ネコのときにほかのネコといっしょに暮らした経験が少ないネコは、ほかのネコを受け入れることができないことがあります。ほかのネコがいることが大きなストレスになることもあります。子ネコ時代のことがわからない場合は、2〜3日の“お試し期間”を許してくれる相手からネコをゆずってもらうことを検討するのがよいでしょう。

もし2〜3頭をいっしょに飼う予定なら、最初からいっしょに飼うのがいちばん確実な方法ですが、それでもネコという動物は、大人になるにつれ、仲がよかったり悪かったりを繰り返す生きものです。人間流の“仲良し”をネコに押しつけないことが大事です。ひとりになりたいときのために、いろんな場所に寝場所を作りましょう。ネコの数の2倍くらいの寝場所を作り、それぞれが自由に選べるようにしておきます。高低差のある場所に寝場所を作ることも大事です。そのほうが、それぞれのネコの“お気に入り”場所が決まります。気の強いネコほど高い場所を選びますから、寝場所に関する小競り合いが防げます。

ケンカをしないから仲がよいとは言いきれません。おたがいに無視し合ったままの“折り合い”もネコにはあります。多頭飼いをするときは、それぞれのネコをよく観察することがたいせつです。もし、ほかのネコがいることでストレスを感じていると思えるときは、1階と2階で住み分けるとか、そのネコ専用のケージを用意して、ときどき“個室”でリラックスできるようにするなどの工夫も必要です。

複数のネコを飼ったときの心理

複数で楽しく暮らせるネコもいる。
イエーイ虫!!
ストレスだわ
うるさい…
1頭だけで飼われたほうが幸せなネコもいる。
ここにいると気が休まるわい。
それぞれの性格や心境を見きわめて適切な対策を考えることがたいせつ。

1頭飼い、多頭飼い、それぞれに楽しさがある

ネコを1頭だけで飼うのと2頭以上を飼うのとでは、楽しさにそれぞれに違いがあり、どちらも、それなりに楽しいものです。どちらにするかは、どんなかかわり方をネコに求めるかによって決めるのがよいでしょう。

1頭だけで飼われているネコは、感情のすべてを飼い主にぶつけてきます。飼い主はときに母ネコ、ときに兄弟ネコにみなされて、強いて言うなら無視される時間がほとんどありません。ネコと密度の高い関係を望む人には、1頭飼いが向いています。ただし家を留守にするときは、うしろ髪を引かれる思いがすることでしょう。それでもかまわない、最短時間で家に帰りネコといっしょにいたいという人か、いつも誰かが家にいるという家庭向きといえるでしょう。

一方、そこまでネコに束縛されるのはつらい、安心して出かけたいという人は、2頭以上飼うことをおすすめします。「ネコ同士で遊んでいるだろう」と思うだけで、外出中の気分はずっと楽です。ただ、ネコと人との関係は少し変わります。ネコ同士の付き合いがまずあり、そのうえで飼い主と接しているような、そんな雰囲気になるのです。そのかわり、ネコ同士の関係についての観察が可能です。ネコと少しクールな関係でいたいと思う人や、ネコの社会について興味があるという人には、多頭飼いがよいでしょう。

最後に、多頭飼いをする場合、何頭までなら完璧な世話ができるかを考えることも大事です。好きだからといって、やみくもに数を増やしたら、けっきょく、すべてのネコが不幸になるのだということを絶対に忘れないでください。

1頭飼い、多頭飼いした場合のネコとの関係

1頭飼い

いつもネコといっしょ。

相思相愛。

それじゃ出かけるのが

つらいという人は

2頭飼うとよい。

ネコ同士の関係に

興味がある人は

3頭以上飼うとよい。

ただし完璧に世話のできる頭数を考えよう。

43 シャンプーは必要なのか

長毛種のネコには定期的なシャンプーが必要ですが、短毛種には基本的に必要ありません。自分でやる毛づくろいだけで、十分に清潔を保てるからです。

動物はみな、それぞれに自分の体を清潔に保つための策を持っています。そうでなければ健康をそこない、生きのびることができないからです。たとえば、イノシシは“ぬた場”で体に泥をこすりつけ、乾いた泥といっしょに寄生虫を落とします。サルは指で丹念に毛を分けてはゴミやフケなどを取り去ります。スズメは砂の上で翼をバタバタとやり、羽の間に砂を通すことで寄生虫などを取り除きます。人間は入浴で体をきれいにします。ネコは舌で体をなめてきれいにします。

動物たちは、リラックスしたときに、それぞれの方法で毛づくろいや羽づくろいをし、それによって清潔を保ちます。毛づくろいや羽づくろいができなくなった動物は、いずれ病気になってしまいます。

長毛種のネコは、品種改良によって毛が本来の長さよりもずっと長くなったものです。でも“毛づくろい能力”は祖先が持っていた能力のままですから、自分でやる毛づくろいだけでは間に合いません。だから人が手伝う必要があるのです。

長毛種には、飼い主が毎日のブラッシングをすることが必要です。そうでなければ毛がもつれて毛玉になってしまいます。そして定期的なシャンプーも必要なのです。毛が汚れてしまうからです。

その点、短毛種はネコにまかせておいてだいじょうぶです。健康なネコは、体臭もほとんどありません。

ネコは本来、自分で体をきれいにできる。

動物にはそれぞれ体をきれいにする方法がある。

ネコは舌で体をなめてきれいにする。

長毛種は自分で
なめても間に合わない。
だから人が手を
貸す必要あり。

長毛種の祖先は突然変異

長毛種の起源ははっきりとはしていませんが、中央アジアで自然発生的に現れたと考えられています。突然変異によって長毛のネコが生まれ、その遺伝子を持つネコが少しずつ増えていったのでしょう。16世紀半ばにヨーロッパに持ち込まれたといわれています。

突然変異で形質の変わったものが生まれることは、自然界にもありますが、野生の暮らしには不利なことが多く、ほとんどが自然淘汰されてしまいます。たとえば、薄暗い森に住む動物に、真っ白な毛の子供が突然変異で生まれたとしたら、目立つせいで隠れることができず、ほかの動物に食べられてしまいます。子孫を残せる可能性はひじょうに低く、その遺伝子は消えてしまうという意味です。

ところがネコの場合は生きのびて子孫を残すことができます。人のそばで暮らしているおかげで、すべての点で守られるからです。天敵からも守られますし、狩りには不利な形質であっても人がエサを与えてくれれば生きのびることができます。そして子孫を残すこともできるわけです。

人々は長毛のネコをもとに品種改良をし、ペルシャを始め、さまざまな品種を作り出しました。20世紀後半以降には、同じように突然変異で生まれたネコをもとにした品種がさらに作出されました。耳が前に倒れたスコティッシュ・フォールド、逆にうしろ向きに耳が倒れたアメリカン・カール、ほとんど毛が生えていないスフィンクス、足が極端に短いマンチカンなどです。

ネコの品種は現在約40種ほどですが、今後も突然変異をもとにした新しい品種が生まれることでしょう。

突然変異をもとにして作られた品種

スコティッシュ・フォールド

折れ耳と丸い体

1966年、アメリカで生まれたネコをもとに作出。

アメリカン・カール

耳が外に丸まっている。

1981年アメリカで保護されたネコをもとに作出。

スフィンクス

毛がない
ヒゲもない

1978年、カナダで生まれたネコをもとに作出。

マンチカン

短足

1983年、アメリカで発見されたネコをもとに作出。

44 ネコをしつけるコツはあるか

ネコのしつけは、イヌのしつけと基本がまったく違います。イヌのしつけは、上手に叱ったりほめたりしながらイヌに「飼い主がほめてくれることをしよう」と思わせることです。でもネコには飼い主にほめられたいという意識がありませんから、この方法は通用しません。

また、イヌには「させてはいけないこと」がいくつかありますが、ネコには基本的にありません。あるのは「飼い主がやってほしくないと思っていること」だけです。でも、それもいくつもないはずです。手にかみつくのは「遊ぼう」のサインだから、止めさせるのではなくいっしょに遊ぶべきべきだと前に述べました。爪とぎについてはネコが好む爪とぎ器を探すことと工夫しかないと話しました。残るのは、「乗ってほしくない場所に乗らないこと」くらいでしょう。では、これについてお話ししましょう。

乗ってほしくない場所に乗らないしつけをする方法、それは「乗らない習慣をつけさせること」です。ネコは、行動が妙にパターン化する生きもので、一度“乗らない習慣”がつくと、意外に長続きするのです。一生、乗らないことさえあります。

乗ってほしくない場所にネコが乗ろうとして身構えた瞬間に、大きな声や音を出して驚かせ、行動を中断させてください。大きな声は“叱る”ためではなく、あくまで行動を中断させるためのものです。だから、乗ったあとで“叱って”も意味がありません。乗ってしまったネコを降ろしても意味がありません。乗る前に阻止することが肝心です。

乗ろうとするたびにビクッとさせられるとなると、ネコは「ここに乗ろうとすると嫌なことが起きる」と思います。「じゃ、乗るのは止めよう」と思います。そして乗らないことが習慣になります。

絶対にたたいたりしてはいけません。ネコは、自分がやったことと人間の行為とを結びつけることができず、たんに「この人は凶暴。近寄らないようにしよう」と思うだけです。

確実に、「乗らない習慣」をつけるためには、2〜3日間、絶対に一度も乗せないようにがんばることが必要です。一度でも許してしまうと「嫌なことなんか起きない」と思ったり、「人が近くにいるときだけ嫌なことが起きる」と思ったりして、「やらない習慣」はつきません。

乗ってほしくない場所に乗らないようにしつける方法

乗りたい…
ハッ！
ダーッ！
乗ろうとするたびに嫌な声が聞こえれば、
乗らないことが習慣になる。
よっしゃ！

しつけは楽しい知恵比べ

叱られると「この人は怖い」と思うネコ、ほめられ、なでられると、たんに「かわいがってくれている」と思うネコのしつけは、「やってほしくないことをやらない習慣をつけさせる」ことと、もう1つ、「やってほしくないことができないような工夫をすること」です。

たとえば、乗ってほしくない棚があるという場合、なぜ乗るのかを考えてください。乗るスペースがあるから乗るのです。または棚までのアクセスが可能だからこそ乗るのです。

棚の上にネコが乗るスペースがないまでに目一杯、ものを置いてしまえば、もうネコは乗りません。というより「乗れません」。ネコが下から見て、スペースがないことがわかるようなものの置き方をしてください。

アクセスについては、どこをどう通って棚に到達しているのかを見きわめ、まずその経路をふさいでみることです。それでもネコが別の経路を発掘したら、その経路もふさぎます。「ここをこうしたらネコはどう反応するか」を考えながら、試行錯誤をしてください。

ネコのしつけは、工夫と試行錯誤と根気と努力だともいえます。ネコとの知恵比べだともいえます。その知恵比べを楽しむ気持ちがたいせつなのです。しつけのための試行錯誤は、ネコとのコミュニケーションでもあるからです。「こうやってみた。さぁ、どうする？」、「こうするもん」、「そうきたか、じゃ、これは？」という会話をしているのと同じなのです。こんな会話を続けるうちに自分のネコの個性が見えてきて、ネコとの暮らしがさらに楽しくなること請け合いです。

しつけの工夫は知恵比べ

45 抱っこ嫌いをなおせるか

ネコの性格はさまざまで十猫十色。抱っこ大好きのネコもいれば、抱っこ嫌いのネコもいます。ネコの意志は尊重したいと思えども、抱くたびに「イヤだ」と両手で突っ張られると悲しくなります。「たまには抱っこさせてくれ」と拝みたい気持ちになり、つい「抱っこ嫌いをなおせるか」と、まるで抱っこ嫌いが悪いことのような言い方になってしまいます。ネコの気持ちを尊重するなら、「抱っこ好きに変えられるか」と言うべきでしたね。

方法はあります。抱っこされたり触られたりするのが嫌いでも、自分から人に触れることには抵抗のないネコは多いもの。それを利用するのです。

まず冬になるのを待ちましょう。そして寒い日に暖房を入れず、ソファーか床の上に座っていてください。床に座る場合はアグラをかくのがよいでしょう。ネコは暖かい寝場所で昼寝がしたいあまりにヒザに乗ってくるはずです。ネコという生きもの、暖かい場所や涼しい場所を探し当てる能力はすぐれているのです。

ネコが乗ってきても手を出してはだめです。ネコのやりたいようにさせ、ひたすらヒザの上を提供するだけにしてください。そのうちネコは眠り込みます。そうなったら、そっと手をそえてだいじょうぶです。おおいに抱っこの感触を満喫してください。ネコがふと目覚めたら、手を離して知らん顔をしてください。

毎日やっているうちに、ネコはだんだんと触られることになれてきて、胸に抱くこともできるようになってきます。ただし何年もかけてならすつもりでやってください。あせってはだめです。風邪をひかないように気をつけながらやってください。

抱っこ嫌いを抱っこ好きにする方法

冬、暖房を入れずに
座っている。

ネコは暖かい場所が
ほしくてヒザの上に
乗ってくる。

ネコが眠りこけたら
触っていい。そうやって
触ることになれさせる。

胸に抱けるようになるには何年もかかる。
そのつもりでトライ!!

抱っこをせがまれて困っている人もいる

それにしても人間とは勝手なものです。「抱っこ好きにできないか」という人がいるかと思えば、「抱っこせがむのをなんとかできないか」という人もいるのです。実際、飼い主の顔を見るたびに「抱っこ～」とせがむネコはいるもので、そういうネコの飼い主は「これじゃなにもできない」と嘆いているのです。本気でオンブ紐を使うことを考える人もいるほどです。

つねに「抱っこ」をせがまれて自由を束縛されている人は、まず夏に冷房を入れないことです。ネコとは実に勝手な生きもので、夏は抱っこ好きであっても抱かれるのはイヤなのです。暑いからです。冷房を入れずにいればネコは涼しい場所を探し、そこで長くなって寝ています。なまじ冷房を入れるとネコは、ほのかなぬくもりを求めて人にひっつこうとするのです。

そして冬には、日の当たるところにネコのベッドを置くか、部屋にホットカーペットを敷いてください。ネコは飼い主など無視してベッドの中かホットカーペットの上で寝ます。飼い主はなにかというと動くので、落ち着いて寝ていられない。その点、日だまりベッドや暖かいカーペットは動かないから、ゆっくり寝られるということなのです。現金なものです。

それでも昼寝から目覚めたとき、抱っこ好きネコは「抱っこ～」とせがみます。勝手なものです。でも5分も抱いていれば満足して、また楽に寝られる場所に帰っていきます。コケにされているような気もしますが、自由に動ける時間は確実に増えます。

暑くもない、寒くもないという季節だけ、甘ったれネコの“抱っこして攻撃”を甘んじて受けましょう。そのくらいなら、素直に「抱っこ」を楽しめることと思います。

抱っこ好きネコから解放される方法

夏、冷房を入れない。
暑くて抱っこなんか
されたくない。

冬、すぐ動く飼い主より
ゆっくり眠れる場所へ。
ときどき抱っこしてくれれば
それでいい。

春と秋だけの抱っこネコ
これなら許せる。

46 ネコだけの留守番は何日間まで可能か

ネコを飼っているから家族旅行はムリと最初からあきらめる人がいますが、そんなことはありません。方法さえ考えれば、ネコだけの留守番も十分に可能です。

2泊までなら、ネコだけで立派に留守番をしてもらうことができます。必要なエサと水、それとトイレを用意しておくための工夫を考えればよいのです。

まずエサですが、自動給餌器を利用するといいでしょう。数食分を別々に入れ、それぞれのフタがタイマーの時間設定で開くようにできるものがあります。保冷剤もついていますから、缶詰のフードを入れておくこともできます。水は、ひっくり返してしまったときのことを考えて、容器の数を増やします。

トイレは、留守中の使用回数を考えたうえでトイレの数を増やします。トイレが汚れてしまうとネコは、ほかの場所で用を足すことがありますから、多めの数を用意するのがよい方法です。

あとは室温の配慮です。特に夏場は注意してください。締め切った部屋は、温度湿度ともに上がって蒸し風呂のようになります。室内飼いで逃げ場がなければ、最悪の事態も起こります。エアコンのドライ設定か、または高めの温度設定でクーラーをかけっぱなしにしてください。冬場は、もぐり込んで寝られる暖かい場所を作っておけば問題はありません。

最後に、いたずらをしたら危険なものはしまい、反対にいたずらをしてかまわないものは出しておいてください。退屈しのぎも必要です。さぁ、旅行を楽しんでください。飼い主が満足して暮らしてこそ、ネコの幸せを考えられるというものです。

ネコに留守番をしてもらう方法

ゴハンにトイレ、そのほかもろもろ
いたずら用のティッシュも
OK!!
自動給餌器
だいじょうぶよ!
いってきます!
行っちゃうの?
ゴハンは…?

必要なものをすべてそろえて置いておく。

ホカ
ホカ

まかせろ!
ピッ
タイマーをセット!

冬は暖かい寝場所を用意。

夏はエアコンをかけておく。

長期の留守には人を頼む

物理的にはネコだけで3泊の留守番も可能ですが、ネコがちょっとかわいそうです。3泊以上、家を空ける場合は、ほかの方法を考えましょう。

ネコは自分のなわばり内にいないと不安を感じる動物ですから、ペットホテルに預けるよりも、誰かに家にきてもらうほうが適しています。そのほうがネコはリラックスしていられます。自分の家にいるほうが、知らない人に対しても鷹揚(おうよう)でいられます。

ペットシッターという職業があります。留守宅にきて、必要な世話をしてくれます。鍵を預けることになるのですから、信用できる人を選ぶことはたいせつです。事前に打ち合わせにきてくれますから、人となりを確かめたうえで、やってほしいことを伝えてください。ペットの世話のほか、郵便物の取り込みなどもサービスとしてくれます。ただし、ネコに予防注射をしてあることが条件になります。ペットシッターはいろんな家に行くわけですから、病気を移すことがあっては困ります。そのための条件です。ペットシッターは、電話帳やインターネットで探せます。ペットシッター料金のほかに交通費も支払う必要がありますから、なるべく近くの人を探すのがよいでしょう。

ネコ好きの友人に世話を頼むという方法もあります。友人なら気軽に頼むことができる半面、あれこれ頼むのは遠慮してしまうという欠点もあるかもしれません。アルバイトとして料金を払い、ビジネスライクにやったほうが、頼む側も頼まれる側も割り切ってやれるでしょう。イザというときの連絡先や動物病院の連絡先など必要なことは、メモにして渡しておくことがたいせつです。留守番ノートも作っておくといいでしょう。

長期の留守の場合

ペットシッターを頼む。

電話帳やネットで探し、打ち合わせをする。

ハイ
にゃ
よろしくお願いします。

ネコに予防注射しておくこと！

知り合いに世話を頼む。

ここにすべて書いてある！
1日2千円でどうだ！？
メモ
乗った！まかしとけ！
友達のダイちゃんだ～♡

必要なことはメモにする。ビジネスライクに料金を払ったほうがよい。

47 ネコから人にうつる病気はあるのか

細菌やウイルス、原虫などの微生物が体内に侵入して起きる病気を感染症と呼んでいます。感染症の病原体となる微生物は数多くありますが、すべての病原体がすべての動物に感染するわけではありません。微生物によって住む環境が違うからです。魚が水の中にしか住めず、モグラが土の中にしか住めないとの同じように、それぞれの病原体にも住む場所があるのです。たとえばインフルエンザウイルスが住めるのは、人とブタと鳥の体内だけです。だからネコやイヌに人のインフルエンザは感染しません。またネコエイズのウイルスはネコ科動物の体内でしか生きられません。だから人に感染することはありません。

インフルエンザウイルスのように、人にも動物にも感染するものを人獣共通感染症または人畜共通感染症といいます。日本で感染する可能性のある人獣共通感染症は約100種類あるとされています。その中で、イヌやネコ、小鳥、カメなどのペットから人に感染するものを一般に「ペット感染症」と呼んでいます。ペット感染症は約25種類あり、そのうちネコから人に感染する可能性のあるものは7種類ほどです。

ノミやダニ、寄生虫がいないかどうか調べて駆虫をするなど、感染を防げることは、きちんとやっておきましょう。ネコのトイレはこまめに掃除をし、掃除後にかならず手洗いをすることもたいせつです。口移しで食べものを与えたり、食べている箸で与えたりするのはよくありません。うがいを習慣にするのもよい方法です。必要以上に神経質になることはありませんが、ネコから人に感染する病気があることを頭に入れておきましょう。

感染症	病原体	感染経路	人の症状	ネコの症状
ネコひっかき病	細菌	かみ傷、ひっかき傷	傷が赤紫色にはれる。リンパ腺がはれて痛む	保菌していても無症状
Q熱	リケッチア	感染動物の尿、糞便など	発疹。ぜにたむしと呼ばれる	軽度の発熱で終わることが多い
真菌症（しんきんしょう）	真菌	接触感染	風邪に似た症状。多くは一過性だが進行することもある	円形状の脱毛。かさぶた
疥癬（かいせん）	ヒゼンダニ	接触感染	手、腕、腹などの赤斑。夜間にかゆい	耳のふち、かかとなどにかさぶた。脱毛、かゆみ
パスツレラ症	細菌	キスなどによる接触感染	風邪症状から肺炎までさまざま	ほとんどの場合、無症状
イヌ・ネコ回虫症	寄生虫	子イヌ、または感染したネコの糞便など	まれに網膜や肝臓に障害	下痢、腹痛
トキソプラズマ症	寄生虫	感染したネコの糞便	感染経験のない人が妊娠初期に感染すると胎児に影響。ただし治療法あり	ほとんどの場合、無症状

日和見感染には注意が必要

寄生虫や感染したネコに症状が出るものについては、駆虫をしたり治療をしたりすることができます。でもほとんどのネコが保有している病原体で、かつネコにはなにも症状が出ないものについては、気をつけなくてはなりません。ネコひっかき病やパスツレラ症がそうです。

ネコひっかき病は、手などにできた傷をネコがなめることでも感染することがあります。受傷から約2週間後にはれ始めます。かすり傷だと軽くみないで病院で受診してください。

パスツレラ症は、抵抗力が弱っている人への日和見感染に注意が必要です。日和見感染とは、健康なときにはなんでもないのに抵抗力が落ちているときのみ発症することをさします。糖尿病や肝臓障害などの基礎疾患のある人や高齢者の場合は、重症化する危険性があります。

パスツレラ菌のネコの保有率は、口腔内で100%、爪で20〜25%です。感染が心配される人が家族にいる場合は、その人の布団でネコがいっしょに寝ることは避けたほうがよいでしょう。定期的に爪を切っておくこともたいせつです。また風邪のような症状が出た場合は、病院でネコを飼っていることを告げて診断をあおいでください。

「ネコといっしょに寝るのはよくない。寝室は分けるべき」と専門家はいいますが、誰も実行しないのが現実です。「そんなことはムリだ」という人もたくさんいます。基礎疾患のある人は別ですが、そうでなければ健康に留意し、抵抗力を高める努力を日々しておくしかありません。ペット感染症というものがあることを忘れずに、そのうえでネコといっしょに寝てください。

ペット感染症対策

キスはダメ
箸から食べさせない!
ノミ、ダニ、寄生虫は駆除を!
かゆい~
トイレ掃除はこまめに!
よく手を洗う
体を鍛え、抵抗力を高める!

ネコにも血液型がある

人間同様、ネコにも血液型があります。A型、B型、AB型の3つです。ただし人間のABO式とは異なるものです。

どの血液型が多いかは品種によって違いますが、A型がいちばん多く、シャムでは100％、ヒマラヤンやメインクーンでは90％以上がA型です。次に多いのはB型で、AB型はごくわずかです。

人間と同じように、輸血時には血液型を確認する必要があります。現在、動物病院で簡単に血液型を調べることができますから、イザというときのために、健康診断のときなどに自分のネコの血液型を調べておくと安心です。

ちなみに血液型による性格判断はムリです。ネコの性格は、飼い主がつきあいと観察の中で見きわめてください。

第5章

ネコを飼っていない人の疑問

ネコ好きやネコを飼っている人にはあたり前のことでも、ネコを飼っていない人には理解できないことがあります。ここではネコを飼っていない人の視点から、ネコと人間が幸せに暮らすために必要なことを考えてみましょう。

48 なぜ人の生活にイヌやネコが必要なのか

イヌやネコが嫌いな人もいます。イヌやネコを家族の一員だなどいう感覚を苦々しく思っている人もいます。そういう人たちにとって、「なぜ人の生活にイヌやネコが必要なのか」という疑問は当然なのかもしれません。

ちょっと人類の歴史をさかのぼってみましょう。1万年以上前の人類は、穴居（けっきょ）生活の中でいつも外敵を恐れて暮らしていました。特に夜は、見張りなしでは安心して眠ることなどできません。そんな中、残飯を目当てに小型のオオカミが近くに住みつくようになりました。オオカミたちは、人間より早く敵に気づいて騒ぎ始めます。人々は、オオカミが“番犬”の役目をしてくれることに気づいたはずです。オオカミがそばにいることで安心できることを知ったはずです。そしてオオカミは人に飼われ始め、イヌに姿を変えました。これが、人類が作った初めての家畜です。

私たちは、イヌとともに暮らすことで生きびた人類の子孫たちなのです。だから、本当はみな、ほかの動物と暮らすことが好きなはずなのです。動物がリラックスして寝る姿に安らぎを感じる気持ちを先祖代々、受け継いできたはずなのです。動物が嫌いな人たちも、どこかに同じ気持ちがあるはずです。

それなのに動物が嫌いだと思うのは、過去において動物に怖い目にあわされた経験や、ペットを飼っている人に嫌な思いをさせられた経験があるからでしょう。だとしたら、その原因はすべて、ペットを飼っている人にあったといえます。飼い主の管理の悪さ、マナーの悪さが原因だといえます。

本来、動物が好きであったはずの人を動物嫌いにしてしまったのは、ペットを飼っている人たちなのだということを、動物好きは自覚しなくてはなりません。「こんなにかわいいのに、なぜ嫌いなのかわからない」などとトボけたことを言っていてはいけません。「動物が好きなんて、ゆがんだ自己愛だ」と言われても仕方がないというものです。

「なぜネコなどをかわいがる必要があるのか」という疑問が出ないような飼い方と生き方を、動物好きは実行してほしいものです。イヌやネコとの暮らしは、先人たちが長い時間をかけて育んできた人類の財産なのです。"動物との絆"という人類の財産を汚すことなく未来に送り届ける責任が、動物好きにはあるのです。

人間が動物を好きな理由

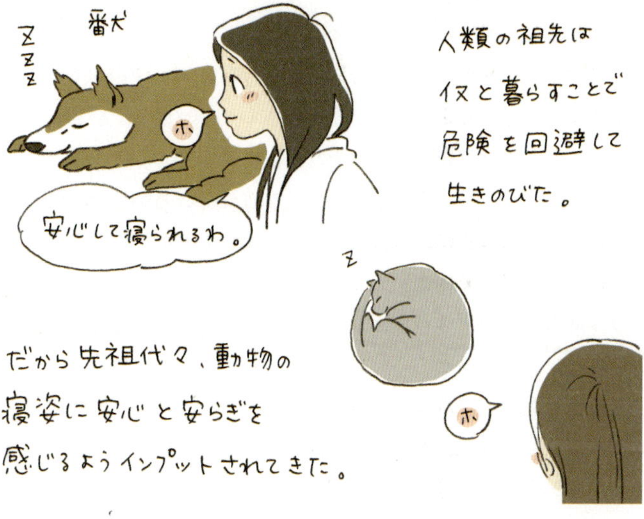
番犬
ZZZ
ホ
安心して寝られるわ。
人類の祖先は
犬と暮らすことで
危険を回避して
生きのびた。
Z
ホ
だから先祖代々、動物の
寝姿に安心と安らぎを
感じるようインプットされてきた。

49 なぜ人の迷惑を考えずに放し飼いにするのか

ネコ嫌いがこう思うのは、もっともなことです。事実、放し飼いのネコは他人の庭をトイレがわりにしています。事後に埋められるような軟らかい土を好みますから、耕した花壇は最適のトイレなのです。せっかく植えた苗が掘り返され、おまけにクサイものが残されているのでは、ネコ好きであっても怒ります。しかも、植えなおしても植えなおしても、毎日やってきて掘り返してくれるのです。アタマにくるのは当然でしょう。

人口密集地での放し飼いは他人に迷惑をかけることでしかありません。他人に迷惑のかかる飼い方しかできないのなら、ネコを飼う資格などありません。ネコは“自由に歩き回りたい動物”ではないことは前にも述べたとおりです。都会では、ネコは室内飼いにするべきです。

そもそも「飼う」ということは、管理することでもあるわけで、管理とはエサを与え健康を考え、かつ行動範囲を把握することでしょう。どこに行っているのか、どこをトイレにしているのか知らないというのでは飼っていることになりません。勝手に住みついているネズミと同じです。人に飼育されている動物はみな、行動範囲は把握されているものです。すべてを把握してこそ「飼う」というのです。さらにネコが“家族の一員”だと言うのなら、家族の一員に他人の庭でウンコをさせる神経はおおいに変です。常識を疑われて当然です。

ネコが大嫌いになってしまった人が、この本を読むとは思えませんが、多大な迷惑をかけていることを謝りたい気持ちで一杯です。本当にもうしわけありません。

放し飼いのネコがいやがられる理由

おトイレ〜
カリ
カリ
せっかく植えた
苗を掘り返して
ダメにする。
植え直さないと
いけないうえ、
キャ！
ネコのフン〜!!
ウンコが置きみやげ。
ネコ好きだって アタマにくる。
もう、
また片づけなきゃ
ただいま〜
アラおかえり。どこで
ウンコしてきたの？
他人に片づけをさせてる
ことに気づいてる？？
おかしいでしょ。

ネコ好きが嫌われるとネコも嫌われる

庭をトイレ代わりにされた人が怒ると、ネコ好きは言うのです。「ネコのすることに目クジラを立てるなんて…。ウンコするくらいたいしたことじゃないじゃない」と。自分のネコの排泄物は自分で片づけるのが義務なのに、この身勝手な言い分！　だからネコ好きは嫌われるのです。

また、ネコはウンコをしたあと埋めることで有名ですが、なわばりの周辺部では埋めません。すると人の庭を通り道にしたときに、コロンとウンコを置いていくことになるわけです。ところが、これにもネコ好きは反論するのです。「ネコはウンコを埋めるもの。それはネコのウンコじゃない」と。塀に囲まれた家の庭に、ネコ以外の誰が入り込んでウンコをするのでしょうか？　だからネコ好きは嫌われるのです。

ネコ好きが嫌われるということは、ネコも嫌われるということなのです。「坊主憎けりゃ袈裟まで憎い」です。ネコを愛する人たちがネコを嫌われ者にしているわけです。この矛盾を冷静に考えてほしいものです。

もしアタマにきた人が思わず石を投げ、その石がたまたまネコに当たってしまう危険性がないとはいえません。「それは動物愛護法で罰せられる」と怒る前に、投げさせたのは飼い主だということを理解してください。なによりもかわいそうなのはネコです。なんの罪もないネコが、飼い主のせいで被害者になるのです。

みなに愛されてこそネコは幸せになれます。そして愛されるネコとは、愛される飼い主が飼っているネコなのです。愛される飼い主になるために必要なのは、飼っていない人の気持ちをきちんと理解することなのです。

こういう飼い主が嫌われる

ネコがウンコ したくらいで そんな…
アラそう
うちの子 がね…
うちの子に こんなこと するなんて…
マジックで まゆも
アラまあ!
プッ
だったら家から出さなければ いいのに。
へえ
へへへ
アイツんちのネコに ふくしゅう したんだ。

50 ペットボトルでネコを撃退できるのか

町を歩くと、塀にそって水の入ったペットボトルがズラリと並んでいるのをよく見かけます。ネコの侵入をなんとかして防ぎたいという気持ちの表れです。ネコが好きなら、あのペットボトルに無頓着であってはいけません。ネコの被害に泣かされている人がいかに多いかということを理解するべきでしょう。

ペットボトルをズラリと並べるのはけっこうな手間です。その手間隙をかけて並べた人にはもうしわけないのですが、ペットボトルでネコを撃退することはできません。最初だけ、「いつもと違うものがある」と思って侵入を躊躇（ちゅうちょ）しますが、すぐになれてしまいます。効果が期待できるのは、「うちはネコの侵入に怒っている」というメッセージをアピールできるということだけです。

ネコを放し飼いにしている人が、家の近くでペットボトルが整列しているのを見つけたら、そのメッセージを受け取ってください。そして自分のネコに対するメッセージだと思ったら、行動に出てください。

取りあえず、その家を訪ねて「うちのネコが迷惑をかけているのでしょうか」と怒鳴られる覚悟で聞いてみましょう。付近をうろついていたノラネコを保護して飼い始めたのなら、その事情を説明し、かけた迷惑の始末や補償をさせてほしいと誠意を持って話してください。遠くに引っ越しをする以外、放し飼いのネコを確実に室内飼いに変える方法はまずないのです。そこを強調する必要はありませんが、「このネコの一生が終わるまで、なんとか飼わせてほしい」とお願いしてください。

偉そうに言うつもりはありませんが、ノラネコを保護しエサを与えてくれる人がいると、ネコが生ゴミをあさる被害はなくなっているはずなのです。ペットボトルの所有者は、その辺をなんとか理解してあげてほしいと思います。

ネコがどこから侵入するのかを見きわめて、侵入できないような方法を模索することはたいせつです。いろんな方法を試させてもらいましょう。たいせつなのは常識人としての態度です。それはおたがいにいえることです。

ネコの侵入を防ぐ方法

侵入口を物理的にふさぐ。
侵入口に消毒液をまく。
ニオイで撃退。

ネコ撃退用マットを敷く。
ペットショップに売っている。

自分のネコが迷惑をかけていると気づいたなら、
誠意を持って話を!

近所づきあいが大事

自分のネコが近所に迷惑をかけているかもしれないと思ったら、よき近所づきあいを心がけることがたいせつです。地域社会のつながりをたいせつにしてください。

たとえば集合住宅で、上の部屋で子供が泣いているとします。知らない住人のときは、「上の子がうるさい」と思いますが、知っている家族の場合は「○○さんちの○○ちゃんが泣いている。どうしたのかしら？」と思うものです。人間とはそういうものです。

ネコだって同じで、「どこかのネコが庭にいる」というときと、「○○さんちのタマが庭にいる」というときでは、人の感情は違います。それに頼って許してもらおうというのではなく、迷惑をかけざるをえない状況の中、不愉快な思いを少しでも軽減してもらうことができるだろうという意味です。

人間は本来、動物が好きなはずだと前に述べました。嫌いになるのは、動物を飼っている人のマナーや態度が悪いからだと述べました。「お宅のタマがまたうちの庭で…」と気軽に言ってこれる関係、「すみません、すぐ行きます」と言える関係を作りたいものです。いつか「ネコは嫌いだったけど、かわいいところもあるんだね」と言ってもらえたら、こんなすばらしいことはありません。

都会でネコを放し飼いにする人がいるかぎり、ネコが原因の近隣トラブルはなくなりません。これからネコを飼う人は、ぜひ室内飼いをしてください。すでに放し飼いにしている人は、地域社会をたいせつにすることで、そのネコの一生を守ってください。

ネコがいるおかげで地域社会が復活することもあるのです。それは今後の高齢化社会や、大災害時にかならず役に立つことだと思います。怪我の功名になってほしいと願っています。

地域のつながりと感情

地域社会のつながりがないとストレスに。

にゃ〜
ドタバタ
コラ クロ
もう2階のネコがうるさ〜い。
ハラハラ
今寝ついたのにぃ

地域社会のつながりがあると関係が変わる。

?
おい、オムツかな？ おっぱいかな？
オギャー オギャー
ほらほら、クロちゃんも今日はおりこうさんでちゅよー。
ヨチヨチ

また、よき近所づきあいの中で、放し飼いのネコの一生を守ってあげよう。次に飼うときは室内飼いに。

タマちゃん、かわいいところもあるのね。
！

《参考文献》

『あなたのネコがわかる本』ブルース・フォーグル著（ダイヤモンド社、1993年）

『イラストでみる猫学』林良博監修（講談社、2003年）

『動物の寿命』増井光子監修（素朴社、2006年）

『ネコとつきあう本』宮田勝重著（日本交通公社出版事業局、1986年）

『猫種大図鑑』ブルース・フォーグル著（ペットライフ社、1998年）

『ペット溺愛が生む病気』荒島康友著（講談社、2002年）

『ペットとあなたの健康』人獣共通感染症勉強会著（メディカ出版、1999年）

『三毛猫の遺伝学』ローラ・グールド著（翔泳社、1997年）

『野生ネコの百科』今泉忠明著（データハウス、1992年）

索　引

サイエンス・アイ新書 発刊のことば

science・i

「科学の世紀」の羅針盤

20世紀に生まれた広域ネットワークとコンピュータサイエンスによって、科学技術は目を見張るほど発展し、高度情報化社会が訪れました。いまや科学は私たちの暮らしに身近なものとなり、それなくしては成り立たないほど強い影響力を持っているといえるでしょう。

『サイエンス・アイ新書』は、この「科学の世紀」と呼ぶにふさわしい21世紀の羅針盤を目指して創刊しました。情報通信と科学分野における革新的な発明や発見を誰にでも理解できるように、基本の原理や仕組みのところから図解を交えてわかりやすく解説します。科学技術に関心のある高校生や大学生、社会人にとって、サイエンス・アイ新書は科学的な視点で物事をとらえる機会になるだけでなく、論理的な思考法を学ぶ機会にもなることでしょう。もちろん、宇宙の歴史から生物の遺伝子の働きまで、複雑な自然科学の謎も単純な法則で明快に理解できるようになります。

一般教養を高めることはもちろん、科学の世界へ飛び立つためのガイドとしてサイエンス・アイ新書シリーズを役立てていただければ、それに勝る喜びはありません。21世紀を賢く生きるための科学の力をサイエンス・アイ新書で培っていただけると信じています。

2006年10月

※サイエンス・アイ（Science i）は、21世紀の科学を支える情報（Information）、知識（Intelligence）、革新（Innovation）を表現する「i」からネーミングされています。

SoftBank Creative

science·i

サイエンス・アイ新書

SIS-025

http://sciencei.sbcr.jp/

ネコ好《ず》きが気《き》になる50の疑問《ぎもん》

飼《か》い主《ぬし》をどう考《かんが》えているのか？
室内飼《しつないが》いで幸《しあわ》せなのか？

2007年 6 月24日 初版第1刷発行
2010年11月26日 初版第7刷発行

著　　者　加藤由子《かとうよしこ》
発 行 者　新田光敏
発 行 所　ソフトバンク クリエイティブ株式会社
〒107-0052　東京都港区赤坂 4-13-13
編集：科学書籍編集部
03(5549)1138
営業：03(5549)1201
装丁・組版　クニメディア株式会社
印刷・製本　図書印刷株式会社

ISBN 978-4-7973-4179-9

SoftBank Creative